计算机系列教材

计算机系统设计与开发实验教程

秦国锋 编著

清华大学出版社
北京

内容简介

本书对 CPU 的设计与性能验证、操作系统的交叉编译、操作系统的移植和应用程序的编译与移植等方面做了充分介绍。全书共分为 8 章：第 1 章为龙芯 LS132R CPU 介绍；第 2 章为移植方法详解，具体介绍了龙芯 LS132R CPU 的 IP 移植到 Nexys 4 FPGA 开发板的方法；第 3 章为龙芯 LS132R CPU 在 Nexys 4 FPGA 开发板运行的程序测试方法；第 4 章为龙芯 LS132R CPU 在 Nexys 4 FPGA 开发板移植操作说明；第 5 章为龙芯 LS132R CPU 在 Nexys 4 FPGA 开发板运行的性能验证；第 6 章为 Linux 操作系统编译；第 7 章为基于 FPGA N4 龙芯 CPU 软核 LS132R 的实时系统移植实现，使学生理解和掌握计算机实时操作系统 RTOS 的移植方法；第 8 章为 RISC-V 指令集计算机系统设计实现，以 RISC-V 指令集为例介绍了计算机系统的 CPU 的组成与实现方法，使学生理解和掌握计算机系统流水线 CPU 工作基本原理和设计方法，同时理解掌握流水线 CPU 的定量分析方法，并利用 TF 存储器实现多级存储系统架构，同时进行操作系统与应用程序的编译移植，设计实现符合应用程序运行要求的 RISC-V 指令集的原型计算机。

本书适合作为高等院校计算机相关专业高年级本科生、研究生的教材，以及处理器芯片和操作系统的开发人员、广大科技工作者和研究人员的参考用书。

版权所有，侵权必究。举报：010-62782989，beiqinquan@tup.tsinghua.edu.cn。

图书在版编目(CIP)数据

计算机系统设计与开发实验教程/秦国锋编著.
北京：清华大学出版社，2024.9. --（计算机系列教材）.
ISBN 978-7-302-67285-2

Ⅰ.TP302.1

中国国家版本馆 CIP 数据核字第 2024DN3835 号

责任编辑：张　玥　薛　阳
封面设计：常雪影
责任校对：王勤勤
责任印制：沈　露

出版发行：清华大学出版社
网　　址：https://www.tup.com.cn，https://www.wqxuetang.com
地　　址：北京清华大学学研大厦 A 座　　邮　编：100084
社 总 机：010-83470000　　邮　购：010-62786544
投稿与读者服务：010-62776969，c-service@tup.tsinghua.edu.cn
质量反馈：010-62772015，zhiliang@tup.tsinghua.edu.cn
课件下载：https://www.tup.com.cn，010-83470236

印 装 者：三河市人民印务有限公司
经　　销：全国新华书店
开　　本：185mm×260mm　　印　张：6.75　　字　数：153 千字
版　　次：2024 年 9 月第 1 版　　印　次：2024 年 9 月第 1 次印刷
定　　价：36.00 元

产品编号：103537-01

前 言

　　由芯片、编译器、操作系统与应用软件组成的计算机体系结构正处在不断迭代、急速变革的新时代。计算机体系结构形成由 x86 架构转向 MIPS 指令集架构，又从 MIPS 指令集架构向 RISC-V 指令集转折的发展格局，并将 Wintel 的垄断格局击破，形成由垄断专制走向开源共享的发展道路。借用西安交通大学王树国校长的话"社会的发展领先学校"，编者作为一线基层的教师，深感真正做到教学实践与社会业界创新同频共振异常艰难，但我们仍需要"不忘初心，牢记使命"竭尽全力传授新理论、新方法、新技术，不负学生，不负国家和人民。

　　在 FPGA 设计构建计算机系统是一项充满挑战和艰难的工作，近年来，编者和计算机系统结构教研室老师与计算机专业同学一直在坚持不懈地努力探索，初步实现了这条技术路线，设计实现了基于 FPGA 的 MIPS 指令架构和 RISC-V 指令架构的原型系统。学生周涛、李晨扬做了大量的工作，甚至在节假日都在设计调试，还有历届学生如黎可杰、马嘉等积极参与完成了一些应用程序示例，在此对他们表示衷心感谢！同时，感谢龙芯中科提供开源的 CPU 处理器 LS132R 的 IP 核，为本书的实验设计提供了帮助。

　　该教程是几年来大家研究探索的经验总结，希望能对读者学习和实验实践有所裨益或参考，由于水平有限，书中不足之处请多多指正！

秦国锋
2024 年 2 月

目　录

第 1 章　龙芯 LS132R CPU 介绍 ·· 1
　1.1　龙芯 LS132R 结构 ··· 1
　1.2　移植概述 ·· 2

第 2 章　移植方法详解 ··· 4
　2.1　简单 AXI 通信的编写 ··· 4
　2.2　简单 SPI 读取的编写 ··· 6
　2.3　简单 makefile 的编写 ·· 7
　2.4　简单链接脚本的编写 ·· 10
　2.5　启动文件的编写 ··· 11
　2.6　常用 C 语言函数的编写 ··· 17

第 3 章　程序测试 ·· 18
　3.1　简单闪烁 LED 程序测试 ··· 18
　3.2　简单时钟程序测试 ··· 19
　3.3　仿真的一点小技巧 ··· 20

第 4 章　移植操作说明 ·· 22
　4.1　数码管实验 ··· 22
　4.2　flash 读取实验 ··· 28
　4.3　AXI 通信实验 ··· 36
　4.4　汇编版点亮 LED 实验 ··· 43
　4.5　C 语言版点亮 LED 实验 ··· 45
　4.6　C 语言版时钟实验 ··· 48

第 5 章　CPU 性能验证 ·· 49
　5.1　性能验证数学模型及算法程序 ·· 49
　5.2　性能验证程序下板测试过程与实现 ·· 53
　　5.2.1　下板过程 ··· 53
　　5.2.2　程序性能分析 ··· 54
　5.3　CPU 的性能指标定性分析 ·· 61

	5.3.1 性能差异 61
	5.3.2 现象分析 61

第 6 章 Linux 操作系统编译 63

第 7 章 基于 FPGA N4 龙芯 CPU 软核 LS132R 的实时系统移植实现 67
    7.1 引言 67
    7.2 基于龙芯 LS132R 软核的 SoC 设计 67
        7.2.1 Flash Controller 设计与实现 68
        7.2.2 外设 IP 核的复用 69
    7.3 RT-Thread Nano 系统的移植 69
        7.3.1 实时操作系统的启动 69
        7.3.2 时钟节拍的实现 70
        7.3.3 上下文切换 71
        7.3.4 堆栈实现 71
        7.3.5 Uart 实现 72
    7.4 SoC 系统测试与性能分析 73

第 8 章 RISC-V 指令集计算机系统设计实现 75
    8.1 实验目标 75
    8.2 三级存储体系原理 76
    8.3 实验过程与方法 79
        8.3.1 准备工作 79
        8.3.2 安装必要软件包 79
        8.3.3 源码 82
        8.3.4 准备环境变量 82
        8.3.5 修正源码的错误 82
        8.3.6 自定义配置 83
        8.3.7 构建工作 83
        8.3.8 格式化 TF 卡 89
        8.3.9 写入 bitsream 文件、引导启动文件和嵌入式 Linux 系统文件 90
        8.3.10 引导启动开发板 90
    8.4 实验结果分析 92
    8.5 应用程序开发示例 94

附录 98

参考文献 99

第 1 章 龙芯 LS132R CPU 介绍

1.1 龙芯 LS132R 结构

龙芯 LS132R 是实现了 MIPS32 基本指令集的 32 位 RISC 处理器核。龙芯 LS132R 处理器核的主要特性有兼容 MIPS32 基本指令集、32 位地址和数据通路、静态调度、单发射、三级流水线、支持定点乘法和除法运算、采用标准 32 位 AXI 总线接口、支持标准 EJTAG 调试接口等。LS132R 处理器仅支持小尾端,不支持软件可配置的大小尾端模式切换。LS132R 实现了一个协处理器 CP0,用于支持操作模式切换、例外处理、虚存管理。LS132R 处理器核包含通用寄存器 32 个、HI/LO 寄存器、程序计数器(PC)。

HI 寄存器存放乘法指令结果的高半部分或是除法指令结果的余数,LO 寄存器存放乘法指令结果的低半部分或是除法指令结果的商,HI、LO 寄存器一起存放乘加指令的累加结果。当编写的程序中既包含汇编又包含 C 语言时,应当对寄存器的使用有充分的理解,了解各个通用寄存器约定俗成的功能,尤其是在编写函数跳转和例外程序的时候。下面介绍一些通用寄存器的作用,表 1.1 为 32 个通用寄存器的功能表。

表 1.1 32 个通用寄存器的功能表

寄存器号	符 号 名	用 途
$0	zero	常量 0
$1	at	保留给汇编器
$2~$3	v0~v1	函数调用返回值
$4~$7	a0~a3	函数调用参数
$8~$15	t0~t7	临时寄存器,没有特定含义,其所存储的值的含义由代码编写者指定
$16~$23	s0~s7	寄存器变量,子过程要使用其必须先保存,退出前恢复
$24~$25	t8~t9	临时寄存器
$26,$27	k0,k1	保留给异常处理函数使用,比如中断、除零错等
$28	gp	用于方便存取全局或静态变量,需要结合编译器与链接脚本
$29	sp	堆栈指针
$30	s8/fp	帧指针
$31	ra	返回地址

其余有关龙芯 LS132R 的介绍请查阅《龙芯 LS132R 处理器核用户手册》《龙芯 LS132R 处理器核集成手册》《"系统能力培养大赛"MIPS 指令系统规范》。

1.2 移植概述

接下来主要对如何在 Nexys 4 开发板上移植龙芯 LS132R 进行讲解，CPU 源码位于"开源 IP 核\generic_170215\generic_170215\content"文件夹中。文件夹中包含 LS132R 和 LS232R 两个 CPU 核文件。LS132R 是一款较为简单的 CPU 核，LS232R 是实现了 Cache、MMU、TLB 的较为复杂的 CPU 核。考虑到自身的技术水平有限，以及移植难度与时间，本书只实现了对 LS132R 的简单移植。

LS132R 文件夹下有 rtl 文件夹(IS132R 的 Verilog 源码)和 sim 文件夹(含有 AXI 的仿真文件、编译链接脚本、makefile 文件等)。受限于开发板不同和开发板资源问题，文件夹中提供的编译链接脚本和 makefile 文件不能直接使用，AXI 部分相关的代码需要进行修改。可以从"龙芯杯"全国大学生计算机系统能力培养大赛中找到有关资料，协助设计。

具体的移植思路如下。首先将 C 语言代码程序烧录进 flash 中，然后烧录 FPGA 程序。当按下开发板上的复位键时，LS132R 核会首先进入固定地址取指令，在本书中是首先在 flash 上取指令。启动过程中，flash 程序将数据等必要内容搬运到合适的 RAM 中，完成整个初始化过程，然后进入 main 函数运行 C 语言程序。为了能够清晰地了解移植的原理，此后会讲解实现移植过程中用到的简单 AXI 通信代码、简单 SPI 读取代码、简单的 makefile 文件内容、简单的链接脚本内容、简单的汇编启动文件，以及一些必须实现的 C 语言函数。如果读者对移植分析不感兴趣，可直接跳到第 4 章进行实际操作。

本书设计的 SOC 结构如图 1.1 所示。

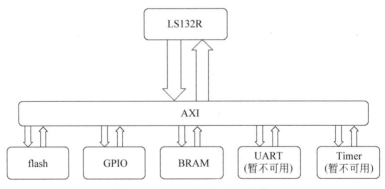

图 1.1 本书设计的 SOC 结构

目前该 LS132R 移植方式尚有许多问题有待解决，主要问题以及解决的建议如表 1.2 所示。

表 1.2 LS132R 移植未解决问题

序号	待解决的问题
1	本书采取的移植方式也许太烦琐，也许可以找到更好的资料，更轻松地完成移植
2	本书的 AXI 代码、SPI 代码仍有改进空间，有待完善

续表

序号	待解决的问题
3	本书程序代码是从 flash 中读取的,速度不够理想,也许可以采取 DDR 的方式
4	本书的程序下载方式通过烧写 flash 实现的,可以通过 ejtag 的方式改进
5	本书未对 LS132R 的 ejtag 代码进行研究,后续拟实现调试功能
6	本书的启动文件仍有改进空间,后续拟将其完善
7	本书未能完成 C 标准库函数的移植,所有 C 函数都需要自己写
8	本书总线设计的形式略有不足,后续拟设计包含 AXI、AHB 合理的高速总线
9	本书只添加了 GIPO 外设和串口外设,且串口外设功能并没有验证。后续拟添加更多的外设,实现更多的功能
10	本书第 7 章实现对简单 RTOS 系统的移植,有待进一步的优化完善
11	本书未实现 LS232R 的移植,这也许是最困难的问题

第 2 章 移植方法详解

了解了龙芯 LS132R 之后,本章将对移植方法进行详细介绍,具体分为 6 方面。

2.1 简单 AXI 通信的编写

AXI 是一种总线协议,该总线是 ARM 公司提出的 AMBA 协议中最重要的部分,是一种面向高性能、高带宽、低延迟的片内总线。不需要复杂的桥接,该协议就可以实现高频率操作。其地址/控制和数据阶段是分离的,支持地址不对齐的数据访问,支持突发传输,支持乱序访问,可以满足超高性能和复杂的片上系统(SoC)设计需求。

AXI 协议十分复杂,详细内容可以查阅参考文献[28]。编者参照 AXI 协议完成了一个简单的读写功能,是在对原有的 ls132r_interface.v 文件进行了修改的基础上完成的,只完成了一个简单的读写功能,因此未对代码进行说明(对原有的 ls132r_interface.v 文件进行了修改)。AXI 的读操作流程图如图 2.1 所示。

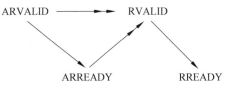

图 2.1 AXI 读操作流程图

ARREADY 可以等待 ARVALID 信号,RVALID 必须等待 ARVALID 和 ARREADY 同时有效后(一次地址传输发生)才能有效。

简单的 AXI 读操作时序如图 2.2 所示。

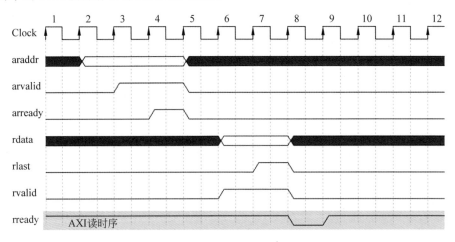

图 2.2 AXI 读操作时序图

AXI 的写操作依赖关系如图 2.3 所示。

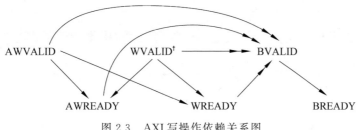

图 2.3 AXI 写操作依赖关系图

BVALID 必须依赖 AWVALID、AWREADY、WVALID 和 WREADY 信号发出之后，才允许拉高。

简单的 AXI 的写操作时序如图 2.4 所示。

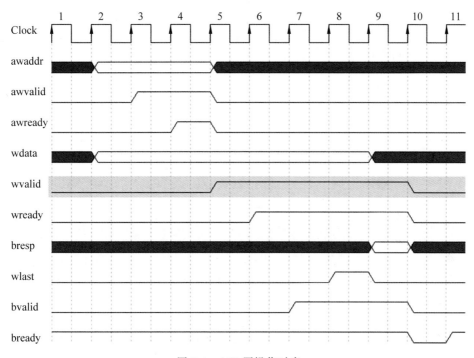

图 2.4 AXI 写操作时序

为正常通信，编写了一个简单的 AXI-Lite 模块，故流程是这样的：AXI 与 AXI-Lite 通信，AXI-Lite 和 GPIO 模块通信。简单的 AXI-Lite 模块时序图大致如图 2.5 和图 2.6 所示。

GPIO 模块的生成步骤请阅读第 4 章，若想了解 Xilinx 的 GPIO 模块 IP 核的内容请查阅 Xilinx 官网相关文档。

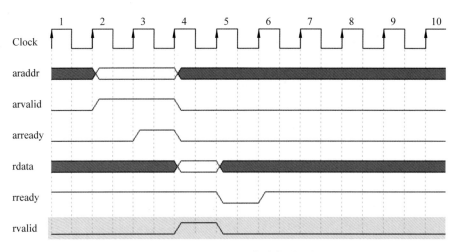

图 2.5　AXI-Lite 读时序图

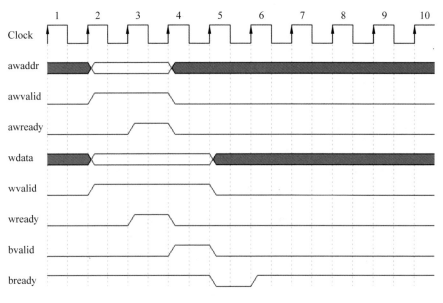

图 2.6　AXI-Lite 时序图

2.2　简单 SPI 读取的编写

　　SPI 协议相对于 AXI 协议来说简单了许多，编者提供了一个简单的从 flash 中读取数据的功能（读 flash 的代码在 flash_top.v）。从 S25FL128S 芯片手册摘抄 flash 的时序图如图 2.7 所示。

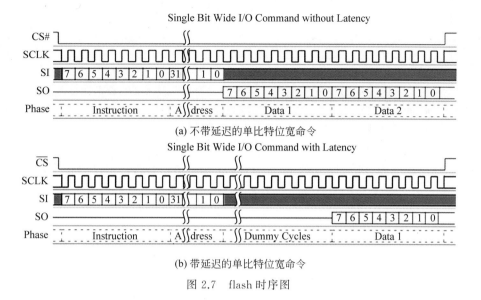

(a) 不带延迟的单比特位宽命令

(b) 带延迟的单比特位宽命令

图 2.7　flash 时序图

2.3　简单 makefile 的编写

一个 C/C++ 文件要经过预处理、编译、汇编和链接才能成为可执行文件。当只有一个 C 文件的时候，编译的过程大概是这样的（集成开发环境除外——一键编译）。注意：使用 make 命令，需要安装 MinGW 程序（在 Windows 下进行 gcc 编译的程序）。相关安装说明见参考文献[29]。需要安装 MinGW 包。该过程使用-E、-S、-c 等命令进行预处理、编译、转换目标文件等。

```
gcc -E main.c -o main.i
gcc -S main.i -o main.s
gcc -c main.s -o main.o
…
```

如果需要对多个相关的文件进行编译，输入命令的格式类似下面这样。

```
gcc -c main.c gpio.c …
```

这会有一大堆的文字需要输入，这不是最关键的，最关键的是每改动一次文件内容，所有命令需要再输入一次。一个工程中源文件可能不计其数，按功能、类型、模块分别放在若干目录中。makefile 就是"自动化编译"，目的是告诉 make 命令如何编译和链接，即 make 工具的配置脚本。下面对一些简单的 makefile 规则进行介绍。

```
$<          #第一个依赖文件
$@          #目标文件
$^          #所有的依赖文件
target… : prerequisites…      #target 是目标文件，prerequisites 是生成 target
command                       #需要的文件。command 是命令
```

例如：

CC = gcc
%.o : %.c
    $(CC) -mips32 -G0 -c $< -o $@
#其含义是，要想得到%.o，则必须拥有%.c，条件满足则执行，上面的命令翻译为
gcc -mips32 -G0 -c %.c -o %.o
#其实%也是一个通配符号，可以是main等其他文件名称
#$(CC)是一个变量，由前面的 CC = gcc 得到，?= ,:= ,+= 都是类似的意思

下面给出本文中所用到的 makefile 文件，列举出了相关路径，使用到的标签包括 all、clean，这两个标签的具体含义在下文会详细解释，运行的逻辑也会给出讲解。

```
ifndef CROSS_COMPILE
CROSS_COMPILE    = ..\\bin\\mips-mti-elf-
endif
DIRECTORY       ?= ./
SOURCEPATH      := $(DIRECTORY)src/
INCLUDEPATH     := $(DIRECTORY)include
INCLUDELIBPATH  += $(DIRECTORY)lib
LIBARARY        +=

SOURCES         += startup_mytest.s main.c entry.c malloc.c system.c udelay.c
LD_FILE         := $(DIRECTORY)mytest.ld
OM_FILE         := $(DIRECTORY)test.om
BIN_FILE        := $(DIRECTORY)test.bin
HEX_FILE        := $(DIRECTORY)test.hex
ASM_FILE        := $(DIRECTORY)test.asm

...
OBJECTS = test.o

export CROSS_COMPILE

#********************
#Rules of Compilation
#********************

all: $(BIN_FILE)

%.o : %.s
    $(AS) -32 -mips32 -G0 $< -o $@

%.o : %.c
    $(CC)  -mips32 -G0 -c $< -o $@
```

```
$(OM_FILE) : $(OBJECTFILES)
    $(LD) -G0 -T $(LD_FILE) $(INCLUDE) $(LIBS) -o $@ $^

$(BIN_FILE) : $(OM_FILE)
    $(OBJCOPY) -O binary $< $@
    $(OBJDUMP) -D $< > $(ASM_FILE)

clean:
    del .\\src\\*.o *.om *.bin *.data *.mif *.asm
OBJCOPY = $(CROSS_COMPILE)objcopy
OBJDUMP = $(CROSS_COMPILE)objdump

OBJECTS = test.o

export CROSS_COMPILE

#********************
#Rules of Compilation
#********************

all: $(BIN_FILE)

%.o : %.s
    $(AS) -32 -mips32 -G0 $< -o $@

%.o : %.c
    $(CC)   -mips32 -G0 -c $< -o $@

$(OM_FILE) : $(OBJECTFILES)
    $(LD) -G0 -T $(LD_FILE) $(INCLUDE) $(LIBS) -o $@ $^

$(BIN_FILE) : $(OM_FILE)
    $(OBJCOPY) -O binary $< $@
    $(OBJDUMP) -D $< > $(ASM_FILE)

clean:
    del .\\src\\*.o *.om *.bin *.data *.mif *.asm
```

当在终端(cmd)中输入 make ** 命令时,是如何与 makefile 关联的?例如,输入 make clean 命令时,其实相当于执行命令 del.\\src\\ *.o *.om *.bin *.data *.mif *.asm。输入 make all 命令时,由于 all:$(BIN_FILE) 后面没有命令,所以要求有 $(BIN_FILE),而 $(BIN_FILE) 是一个变量,相当于./test.bin。但并没有现成的 test.bin,它又会搜索到 test.bin 可以由 $(BIN_FILE):$(OM_FILE)再执行其下的命令得到,所以现在其要求有 $(OM_FILE),而目前没有 $(OM_FILE),其又会搜索到 $(OM

_FILE)：$(OBJECTFILES)…。所以 makfile 是一个递归过程，直至达成目标或者无法继续递归为止。

2.4 简单链接脚本的编写

如果只是想运行汇编语言程序，且不需要用到堆栈，不需要 C 程序，不需要往内存中写入数据，可能并不需要使用到链接脚本。当有多个 C 文件时，每个文件中的函数放在什么地址上是需要按照一定的规则进行的，链接器就是起到这个作用。链接脚本就是对链接规则进行定义，链接脚本描述了链接器处理目标文件和库文件的方式，包括合并各个目标文件中的段、重定位各个段的起始地址、重定位各个符号的最终地址。也许在编写 C 程序的时候并没有感觉到链接脚本，可以看一下 Stm32 工程文件，经过仔细查找可以发现 start.s 启动文件、makefile 文件、xxxx.ld 链接脚本。推荐《程序员的自我修养——链接、装载与库》，书中详细介绍了链接相关的内容。下面介绍一下本书使用到的链接脚本，具体内容参见注释。

```
/*链接配置*/
OUTPUT_ARCH(mips)        /*输出文件是 mips 指令集架构*/
ENTRY(Reset_Handler)     /*设置入口函数*/
/*关于链接脚本可以结合启动文件和整个程序的反汇编文件进行理解，反汇编文件为 *.asm
  文件。本书的 makefile 在生成 bin 文件的同时顺便生成了反汇编文件*/

/*内存布局定义*/
/*MEMORY 命令定义存储空间，其中以 ORIGIN 定义地址空间的起始地址，LENGTH 定义地址空间
  的长度。(rx)代表可执行可读，(rwx)代表可读可写可执行*/
MEMORY
{
    FLASH (rx)    :ORIGIN = 0xbfc00000, LENGTH = 64K
    RAM (xrw)     :ORIGIN = 0xc0000000, LENGTH = 32K
}
SECTIONS
{
    /*.text 代表代码段，也就是程序段*/
    .text :
    {
        . = ALIGN(4); /*表示 4 字节对齐*/
        *(.text.Reset_Handler)
/*"."代表当前地址，为什么要将当前地址设置为 0x00000380 呢？目的只有一个：根据龙芯
  LS132R 的文档可以知道，当发生例外时，PC 地址会跳转到 BFC0 0380 的位置，.isr_vector
  段就是启动文件中例外函数位置处*/
        . = 0x00000380;
        __isr_vector = .;
        *(.isr_vector)
```

```
…    /*省略部分代码*/
/* used by the startup to initialize data */
_sidata = .;
/* Initialized data sections goes into RAM, load LMA copy after code */
/*
```

定义 _sidata = . 的目的是定义变量 _sidata 为当前变量,后面也有,为了在启动文件中使用。

AT(_sidata)的目的是 data 段从此处开始存放,虽然实际它要存放在 RAM 中的地址为 0xC000 0000。

```
*/
.data : AT( _sidata )
{
    . = ALIGN(4);
    /*需要注意一下 _sdata = . 的地址是 0xC000 0000 */
    _sdata = .;       /* create a global symbol at data start */
    *(.rdata)
    *(.rodata)
    *(.data)         /*数据段*/
    *(.data*)        /*数据段*/
    *(.sdata)
    . = ALIGN(4);
    _edata = .;       /* define a global symbol at data end */
} >RAM
…
/*栈向下增长*/
__StackTop = ORIGIN(RAM) + LENGTH(RAM);
__StackLimit = __StackTop - SIZEOF(.stack_dummy);
PROVIDE(__stack = __StackTop);

/*检查数据+堆+栈是否超出 RAM */
ASSERT(__StackLimit >= __HeapLimit, "region RAM overflowed with stack")
}
```

上述链接脚本细节方面有待进一步完善,但并不影响使用,读者可自行完善。

2.5 启动文件的编写

如果只是想运行汇编语言程序,不需要考虑中断,不需要考虑例外问题,不涉及变量、数组的定义问题,即不考虑 C 语言程序,则也许并不需要启动文件。启动文件主要做一些初始化的工作,如初始化堆栈、搬运数据段,对部分寄存器进行初始化,定义中断例外函数,调用 main 函数,以及 main 函数结束后的收尾工作。本书编写了启动文件,启动文件是用汇编代码编写的,也许需要有一点汇编的基础,相关汇编命令可以查阅《"系统能力培养大赛"MIPS 指令系统》,如果还不太理解,可以网上查查相关命令。下面对本书所使用到的启动文件进行详细介绍,主要涉及一些堆栈的指令。

```
        .section .stack  #栈定义
            …     #省略,注意 #相当于 C 语言中的注释
__StackTop:
            .size __StackTop, . - __StackTop
/*定义堆区大小*/
        .section .heap  #堆定义
            …     #省略
__HeapLimit:
            .size __HeapLimit, . - __HeapLimit
            .section .text.Reset_Handler      #复位后执行的函数,是否真的执行,要看
            .align 4                          #函数地址是否写在恰当的位置,如果不确定,
            .set noreorder                    #反汇编文件中能看到函数的地址
            .globl Reset_Handler
            .type Reset_Handler, %function
Reset_Handler:
        nop
        nop
        nop
        #la t0, =_sidata
        la  $29,__StackTop                    #将__StackTop 放入栈指针寄存器
        #la $30,__HeapBase
        la  $8, _sidata                       #将_sidata 值放入 $8 寄存器
        add $11, $0, $0
…
        j LoopCopyDataInit                    #注意,跳转时要加空指令,这与处理器的自身设计有关系
        Nop                                   #跳转到 LoopCopyDataInit 函数,主要目的是将数据复制到 RAM 中
        nop
CopyDataInit:
        add $14,$8,$11
        lw $13,($14)
        sw $13,($12)
        addi $11,$11,4
LoopCopyDataInit:
        la  $9, _sdata
        la  $10, _edata
        add $12,$9,$11
        nop
        nop
        bne $12,$10,CopyDataInit
        nop
        nop
```

```
        la $9, _sbss
        add $11, $0, $0
        nop
        nop
        nop
        j  LoopFillZerobss
        nop
        nop
FillZerobss:
        add $13, $0, $0
        sw $13, ($12)
        addi $11, $11, 4
LoopFillZerobss:
        la $10, _ebss
        add $12, $9, $11
        nop
        nop
        bne $12, $10, FillZerobss
        nop
        nop
        nop
        jal  mini_crt_entry
        nop
        nop
exit_loop:
        nop
        j    exit_loop
        nop
        nop
.size  Reset_Handler, .-Reset_Handler

        .section .ejtag
        .set mips3
        .align 4
        .globl __isr_ejtag
__isr_ejtag:
    b .
        .size    __isr_ejtag, . - __isr_ejtag

        .section .isr_vector
        .align  4
        .globl __isr_vector
__isr_vector:
        #首先查找 Cause 的 ExcCode 确定例外类型
```

```
            andi  $26,$0,0x00
            mfc0  $26,$13    #mfc0 k0,CP0_CAUSE
            mfc0  $27,$12    #mfc0 k1,CP0_STATUS
            #$24,$25 为临时寄存器,可以随意使用
            andi  $24,$26,0x0000
            beq   $24,$0,generic_interrupt
            nop
            eret
            nop
            #判断为中断例外
generic_interrupt:
            #Cause.IP7 可以作为多种中断,
            #为简化处理过程,此处只作为时钟中断
            andi  $26,$26,0xff00
            and   $26,$26,$27
            srl   $26,$26,8
            andi  $27,$26,0x80
            nop
            bne   $27,$0,generic_interrupt_timer
            nop
            andi  $27,$26,0x7c
            nop
            bne   $27,$0,generic_interrupt_external1
            nop
            andi  $27,$26,0x3
            nop
            bne   $27,$0,generic_interrupt_soft
            nop
            eret
            nop
generic_interrupt_timer:
            addiu  $29,$29,-16
            sw     $31,12($29)
            sw     $2,8($29)
            sw     $3,4($29)
            jal    timer_interrupt
            nop
            lw     $31,12($29)
            lw     $2,8($29)
            lw     $3,4($29)
            addiu  $29,$29,16
            eret
            nop
generic_interrupt_external1:
```

```
        addiu   $29,$29,-16
        sw      $31,12($29)
        sw      $2,8($29)
        sw      $3,4($29)
        jal     external_interrupt
        nop
        lw      $31,12($29)
        lw      $2,8($29)
        lw      $3,4($29)
        addiu   $29,$29,16
        eret
        nop
generic_interrupt_soft:
        addiu   $29,$29,-16
        sw      $31,12($29)
        sw      $2,8($29)
        sw      $3,4($29)
        jal     soft_interrupt
        nop
        lw      $31,12($29)
        lw      $2,8($29)
        lw      $3,4($29)
        addiu   $29,$29,16
        #mtc0   $0,CP0_CAUSE    #clear soft interrupt
        eret
        nop
CopyDataInit:
        …   #省略
        jal   mini_crt_entry #是否未找到这个函数,它其实在 entry.c 文件中
        …   #省略
        .section .isr_vector
        .align 4
        .globl __isr_vector
__isr_vector:          ####这是例外函数部分
        #首先查找 Cause 的 ExcCode 确定例外类型
        andi $26,$0,0x00
        mfc0 $26,$13    #mfc0 k0,CP0_CAUSE
        mfc0 $27,$12    #mfc0 k1,CP0_STATUS
        #$24,$25 为临时寄存器,可以随意使用
        andi $24,$26,0x0000
        beq   $24,$0,generic_interrupt
        nop
        eret
        nop
```

```
        #判断为中断例外
generic_interrupt:
        #Cause.IP7可以作为多种中断,
        #为简化处理过程,此处只作为时钟中断
        andi    $26,$26,0xff00
        and     $26,$26,$27
        srl     $26,$26,8
        andi    $27,$26,0x80
        nop
        bne     $27,$0,generic_interrupt_timer
        …    #省略
        eret
        nop
generic_interrupt_timer:  #这个函数值得注意
        addiu   $29,$29,-16  #注意参数的保存,当发生例外的时候,仔细想想
        sw      $31,12($29)
        sw      $2,8($29)
        sw      $3,4($29)
        jal     timer_interrupt
        nop
        lw      $31,12($29)
        lw      $2,8($29)
        lw      $3,4($29)
        addiu   $29,$29,16
        eret
        nop
generic_interrupt_external1:
        addiu   $29,$29,-16
        sw      $31,12($29)
        sw      $2,8($29)
        sw      $3,4($29)
        jal     external_interrupt
        nop
        lw      $31,12($29)
        lw      $2,8($29)
        lw      $3,4($29)
        addiu   $29,$29,16
        eret
        nop
generic_interrupt_soft:
        addiu   $29,$29,-16
        sw      $31,12($29)
        sw      $2,8($29)
        sw      $3,4($29)
```

```
jal     soft_interrupt
nop
lw      $31,12($29)
lw      $2,8($29)
lw      $3,4($29)
addiu   $29,$29,16
#mtc0   $0,CP0_CAUSE    #clear soft interrupt
eret
nop
.size   __isr_vector, . - __isr_vector
```

2.6 常用 C 语言函数的编写

如果不关心 C 语言程序,则也许并不需要考虑 C 语言函数的编写,此部分主要讲解的是堆的申请与释放。C 语言中的堆函数是一个十分基础的函数。相关代码的实现参照《程序员的自我修养》。在 malloc.c 文件中,需要注意的是这个函数。

```c
static int brk(void* end_data_segment){
    //注意__HeapBase 这个变量是在链接脚本中定义的
    int ret = &__HeapBase;
    //堆区初始地址
    return (ret + end_data_segment);
}
```

还需要注意的是 system.c 中的函数,里面的函数涉及 CPU 的特殊寄存器的操作,采用内联汇编程序的编写方法。相关内联汇编函数的使用就不在此阐述了。

第 3 章 程 序 测 试

3.1 简单闪烁 LED 程序测试

如果要实现汇编版本的 LED 程序的正常运行,必须先保证 flash 内容的读取,AXI 与 gpio 模块的正常通信。汇编版的测试程序如下,参考其中注释。

```
        .text
        .align 2
        .globl  main
        .set nomips16
        .set nomicromips
main:
        nop
        lui $1,0xd000
        ori $1,$1,0x0004
        lui $2,0
        sw $2,0x0($1)       #gpio 使能为输出

label1:
        lui $1,0xd000
        ori $1,0x0000
        lui $2,0xffff
        ori $2,0xffff       #gpio 全部输出 1
        sw  $2,0x0($1)
        lui $3,0x01
label2:                     #相当于延迟的作用
        addiu $3,$3,-1
        move $5,$3
        bne $5,$0,label2
        nop
        nop

        lui $1,0xd000
        ori $1,0x0000
        lui $2,0xff3f
        ori $2,0xffff       #gpio 连接 LED 的两个引脚为输出 0
        sw  $2,0x0($1)
        lui $3,0x01
label3:                     #相当于延迟的作用
```

```
    addiu $3,$3,-1
    move $5,$3
    bne $5,$0,label3
    nop
    nop
    j label1
    nop
    nop
    addiu $3,$3,-1
    move $5,$3
    bne $5,$0,label3
    nop
    nop
    j label1
    nop
    nop
```

如果能观察到两个一闪一闪的 LED 灯,则说明成功了。但需要注意到,本汇编程序都是在寄存器中操作的,并没有涉及存储空间上的读取。这是因为在本文的设计中 flash 被定位为 ROM,不可写。涉及内存读写需要保证另外一个模块 RAM 与 AXI 的通信。

C 语言版本的 LED 程序测试,目的是检查最基本的启动文件编写和链接脚本是否正确。因为 C 语言程序涉及变量、堆栈,以及内存的读写操作,这就要求链接脚本对只读 flash、可读可写的 RAM 划分要明确,启动文件关于数据搬运的部分要正确。目的只有一个:编译器要清晰地知道变量放哪,堆栈应该在哪,如何进行压栈。在这个过程中,分析反汇编的 asm 文件就十分重要了。C 语言的测试代码如下。

```c
int main(void)
{
    unsigned int * gpio_tri_addr  = GPIO_TRI_ADDR;
    unsigned int * gpio_data_addr = GPIO_DATA_ADDR;
    * gpio_tri_addr = 0x0;
    while(1){
        * gpio_data_addr = 0xffffffff;
        udelay(200000);
        * gpio_data_addr = 0xff3fffff;
        udelay(200000);
    }
    return 0;
}
```

3.2 简单时钟程序测试

C 语言版本的时钟程序测试的目的是验证中断是否可用,验证链接脚本在固定位置存放例外代码是否正确,验证例外函数的汇编代码编写是否合理,验证 C 语言中嵌入汇编代码是否正确。在这个过程中,一定要对寄存器的使用做到心中有数,明白进入例外函数后,还能跳回进入异常之前的状态吗?(这是编者的经验之谈,只有清楚寄存器的使用情况才不容易放错值。)在这个过程中需要关注的代码如下。

```
/* mytest.ld */
. = 0x00000380;
        __isr_vector = .;

/* startuo_mytest.s */
addiu   $29,$29,-16
    sw      $31,12($29)
    sw      $2,8($29)
    sw      $3,4($29)
    jal     timer_interrupt
    nop
    lw      $31,12($29)
    lw      $2,8($29)
    lw      $3,4($29)
    addiu   $29,$29,16
    eret

/* system.c */
asm volatile(
        "mfc0 $26,$11 \n\t"
        "la $27,0x30D40 \n\t"
        "addu $26,$26,$27 \n\t"
        "mtc0 $26,$11 \n\t"
);
```

3.3 仿真的一点小技巧

在仿真的过程中需要输入一些指令,如果是自己对照着 MIPS 指令集仿照着计算一条条指令实在是太麻烦了。办法一:可以编写一些汇编指令,再反汇编一下生成 *.asm 文件。可以看到 asm 文件的内容如图 3.1 所示。

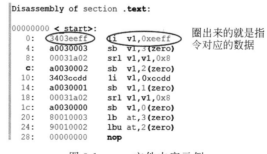

图 3.1　asm 文件内容示例

可能这还是太麻烦了,办法二:使用《自己动手写CPU》书籍资料包中的工具。也许还有更好的方法,读者可自行尝试。参考具体注释。

Cmd 中输入命令:
./Bin2Mem.exe -f led_asm.bin -o led_asm.data

```
/* Verilog 中读入指令文件,仿真 */
//reg[31:0] memory[0:2000];
//initial
//begin
//    $readmemh("./led_asm.data",memory);
//end
//也许联想到了将指令数据初始化在 reg 中(ram 中),flash 都不需要了,每次改 FPGA
//程序就行了,这个可以尝试一下,未考虑过,但应该不是仿真这种初始化方法
```

第 4 章　移植操作说明

4.1　数码管实验

在整个移植过程中,需要使用数码管和 LED 灯来显示信息,以确保移植过程的正确性。步骤如图 4.1～图 4.5 所示。

第一步:新建工程。

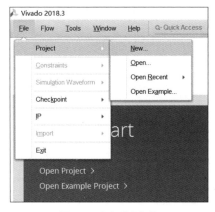

图 4.1　"文件"菜单

图 4.2　新建文件界面(一)

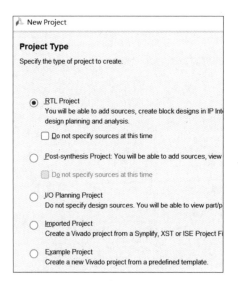

图 4.3　新建文件界面(二)

除了特意圈出的地方,其余的单击 Next 按钮,最后单击 Finish 按钮就可以了。

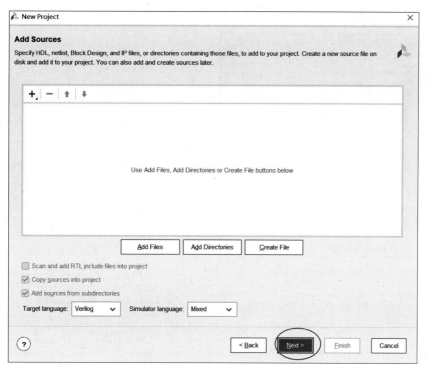

图 4.4 新建文件界面(三)

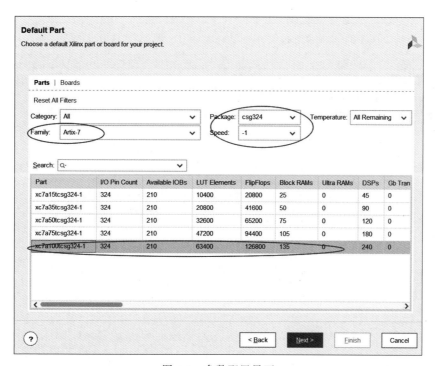

图 4.5 参数配置界面

第二步：添加源文件，如图 4.6～图 4.10 所示。

图 4.6　添加命令按钮

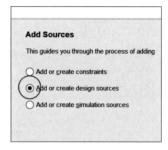

图 4.7　添加文件参数界面

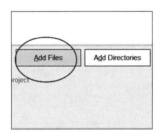

图 4.8　添加文件按钮

图 4.9　选中 .v 文件

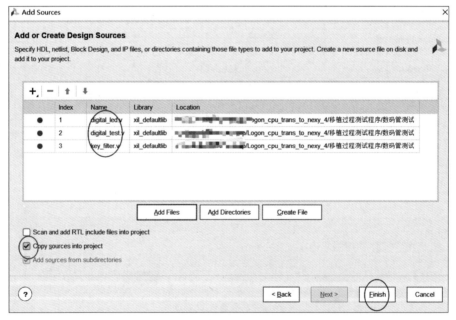

图 4.10　"添加源文件"对话框（注意圈出的几项）

相关代码就不进行讲解了,自行阅读。

第 3 步:综合,如图 4.11～图 4.13 所示。

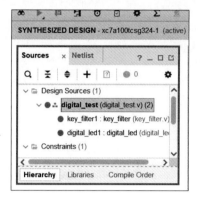

图 4.11 选中工程

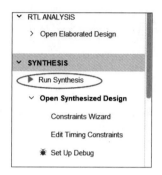

图 4.12 右键菜单

第 4 步:添加管脚的约束文件,如图 4.14～图 4.16 所示。

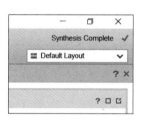

图 4.13 确认对话框

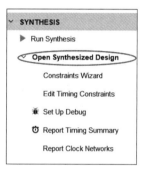

图 4.14 打开综合设计

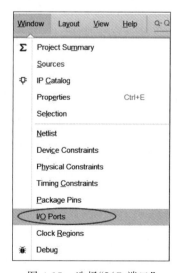

图 4.15 选择"I/O 端口"

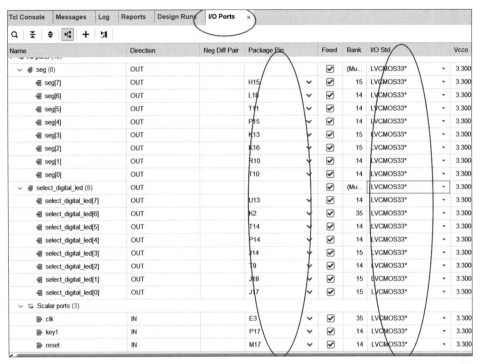

图 4.16　I/O 端口参数设置对话框（注意圈出部分）

第 5 步：生成 bit 文件，下载 bit 文件到开发板，如图 4.17～图 4.19 所示。

图 4.17　进行布线　　　　　图 4.18　生产比特流文件

下载线连接开发板，打开开发板电源，准备下载，如图 4.20～图 4.22 所示。

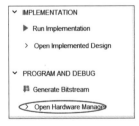   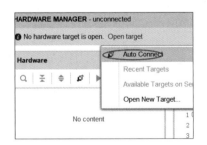

图 4.19　打开硬件管理器　　　　　图 4.20　选择"自动连接"

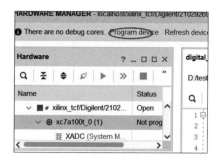

图 4.21 选择"对设备编程"

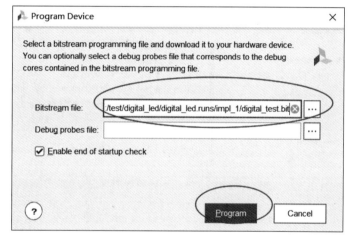

图 4.22 设置文件的目标路径

请务必注意生成的 bit 文件的位置,下载前请检查!

成功后的现象大概是这样,如图 4.23 所示,请自行调节相关按键,查看引脚和代码可知。

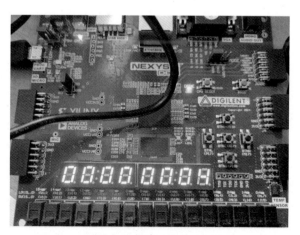

图 4.23 成功在开发板上运行

4.2 flash 读取实验

成功实现从 flash 中读取数据,是进行移植的第一步。需要用到开发板上的数码管和 flash 资源。首先向 flash 中烧入已知数据的 bin 文件,FPGA 程序读取 flash 中的数据,显示在数码管上就可以知道读取数据是否成功。实际编写代码过程中应该先进行仿真观察波形,最后再进行上板验证。关于添加文件和建立工程的步骤上个实验已经阐述过,这里只提到不同之处。完成项目的建立和添加文件后,应该如图 4.24 所示。

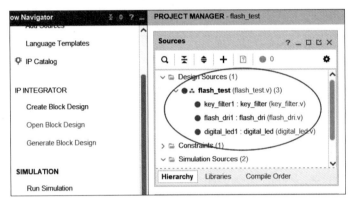

图 4.24 项目层次结构图

因为 Nexys 4 开发板的输入时钟是 100MHz,flash 可能跟不上这么快的读取速度,需要进行分频。分频步骤如图 4.25～图 4.28 所示。

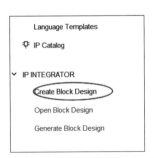

图 4.25 选择"创建区组设计"

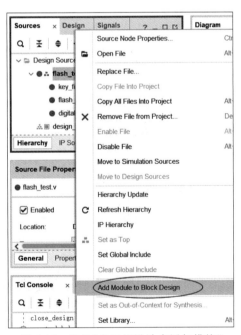

图 4.26 选择"在区组设计中添加模块"

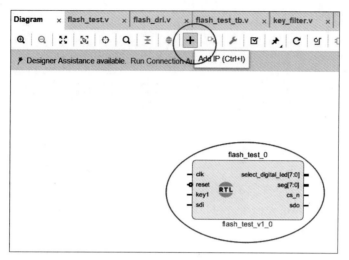

图 4.27　添加按钮所在位置

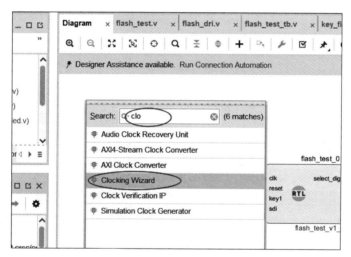

图 4.28　选择时钟向导

显示如下结果，如图 4.29 所示。

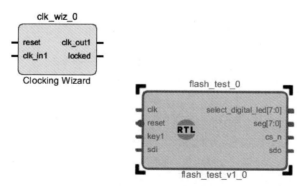

图 4.29　成功分频结果

进行连线,如图 4.30～图 4.34 所示。

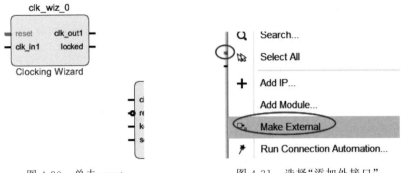

图 4.30　单击 reset　　　　　图 4.31　选择"添加外接口"

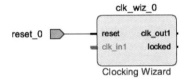

图 4.32　成功添加

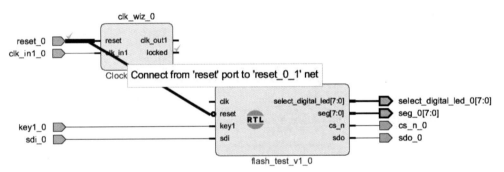

图 4.33　连接两个模块的 reset 端口

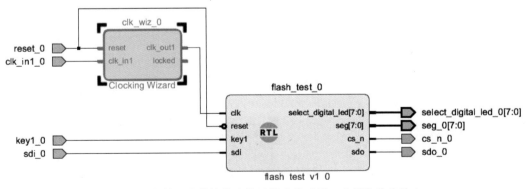

图 4.34　把第一个模块输出的时钟连接到第二个模块作为输入

然后双击橙色模块 Clocking Wizard，弹出如图 4.35 和图 4.36 所示的界面。

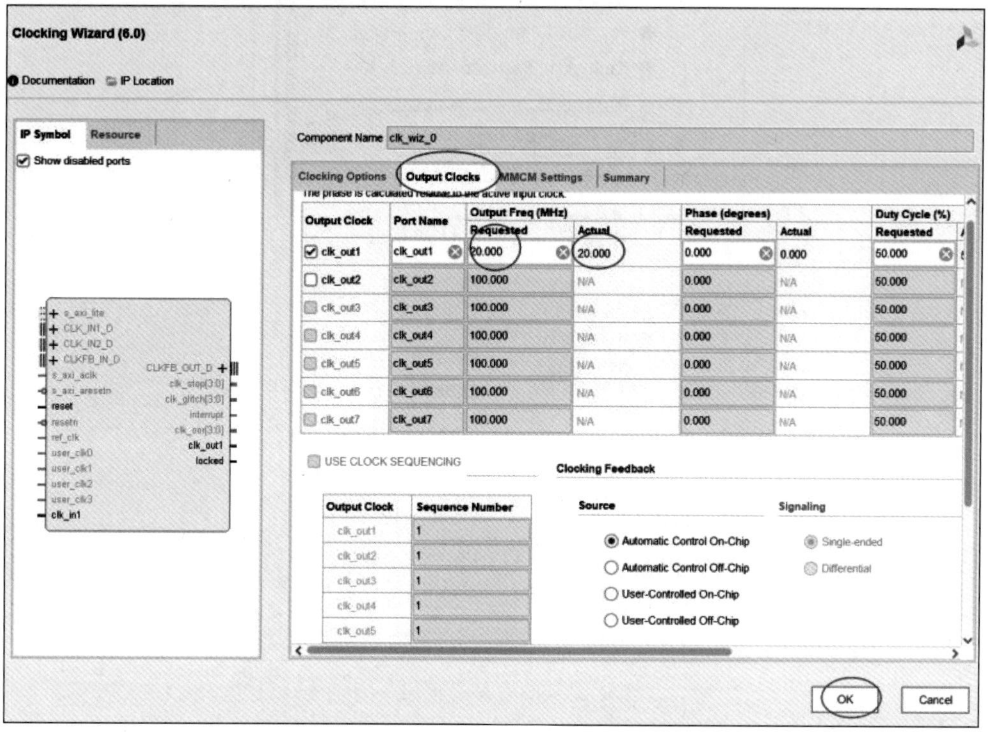

图 4.35 时钟向导窗口的输出时钟配置选项卡

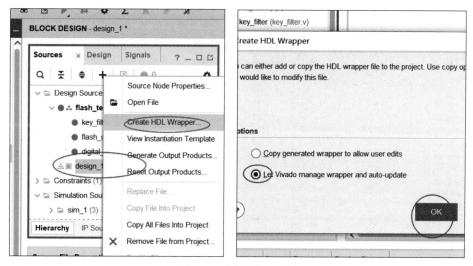

图 4.36 运行界面示例

之后会生成如图 4.37 和图 4.38 所示的文件形式。

到此为止，有关文件编写的部分完成，之后就是熟悉的 run synthesis → run implementation→generate bitstream…。关于引脚的约束添加如图 4.39 所示。

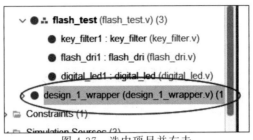

图 4.37　选中项目并右击

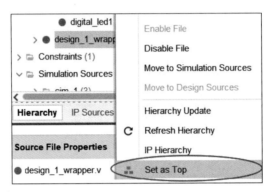

图 4.38　设为顶层

All ports (22)							
∨ CLK.CLK_IN1_0_54576 (1)	IN		☑	35	LVCMOS33*	3.300	
∨ Scalar ports (1)							
clk_in1_0	IN	E3	☑	35	LVCMOS33*	3.300	
∨ RST.RESET_0_54576 (1)	IN		☑	14	LVCMOS33*	3.300	
∨ Scalar ports (1)							
reset_0	IN	P17	☑	14	LVCMOS33*	3.300	
∨ seg_0 (8)	OUT		☑	(Multiple)	LVCMOS33*	3.300	12
seg_0[7]	OUT	H15	☑	15	LVCMOS33*	3.300	12
seg_0[6]	OUT	L18	☑	14	LVCMOS33*	3.300	12
seg_0[5]	OUT	T11	☑	14	LVCMOS33*	3.300	12
seg_0[4]	OUT	P15	☑	14	LVCMOS33*	3.300	12
seg_0[3]	OUT	K13	☑	15	LVCMOS33*	3.300	12
seg_0[2]	OUT	K16	☑	15	LVCMOS33*	3.300	12
seg_0[1]	OUT	R10	☑	14	LVCMOS33*	3.300	12
seg_0[0]	OUT	T10	☑	14	LVCMOS33*	3.300	12
> select_digital_led_0 (8)	OUT		☑	(Multiple)	LVCMOS33*	3.300	12
∨ Scalar ports (4)							
cs_n_0	OUT	L13	☑	14	LVCMOS33*	3.300	12
key1_0	IN	M17	☑	14	LVCMOS33*	3.300	
sdi_0	IN	K18	☑	14	LVCMOS33*	3.300	
sdo_0	OUT	K17	☑	14	LVCMOS33*	3.300	12

图 4.39　引脚的具体约束

需要注意的是,应该先烧录程序到 flash 中,再烧入 FPGA 程序,在本书的移植设计中占用了 FPGA 程序固化到 flash 中的通道(如果将 FPGA 固化到 flash 中,下次板子上电时,板子会自动从 flash 中加载 FPGA 程序,如果在 flash 中烧写图像,其他程序数据就会破坏这个流程,FPGA 程序掉电就会消失。如果想让 flash 中同时存在 FPGA 程序和自定义数据,可能需要进一步的改进。若遇到未知操作,可参考以前的实验)。

flash 中烧入数据的步骤,如图 4.40 所示。

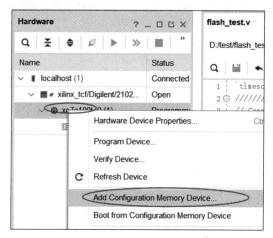

图 4.40　向 flash 中烧入数据

选择 flash 芯片类型,如图 4.41~图 4.45 所示。

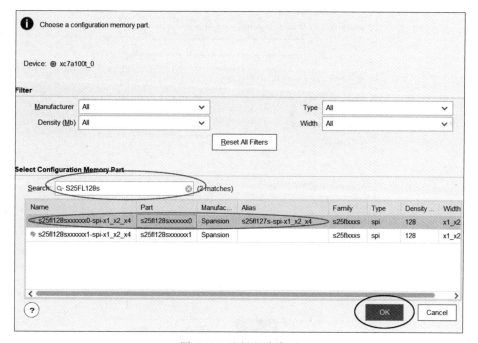

图 4.41　选择芯片类型

注意:中文路径应全改为英文,烧一次 flash 之后,可能需要再重新烧一遍 FPGA 程序。

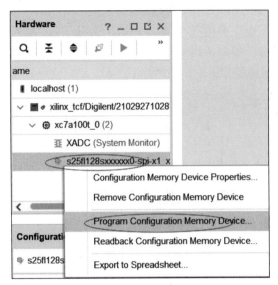

图 4.42　选择"编辑存储设备"

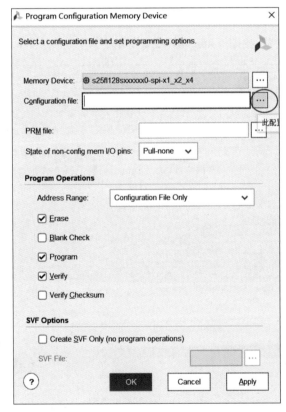

图 4.43　单击标记处位置进行编辑

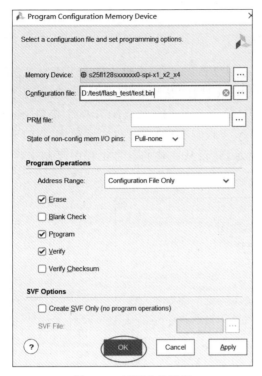
图 4.44 填写文件路径

图 4.45 选择"编辑设备"

上板实验的结果如图 4.46 所示。按动按键，每次自动从 flash 中取 4 字节的数据（flash 中一个地址存储 1 字节）。数码管上显示的数据有烧入 flash 中的数据。也许按动按键发现数码管没有变，是因为前几个烧入 flash 中的数据是 0，多按几次即可解决。

图 4.46 开发板上显示的结果

4.3 AXI 通信实验

AXI 通信涉及 LS132RCPU，也是本次移植中 FPGA 程序构建的最为烦琐的部分，下面将进行详细的讲解。首先是文件的添加，CPU 文件在"龙芯 CPU 移植到 Nexy_4 板资料\开源 IP 核\generic_170215\generic_170215\content\ls132r\rtl"，AXI 接口、flash、AXI-Lite 部分代码在"\龙芯 CPU 移植到 Nexy_4 板资料\移植过程测试程序\AXI 通信测试"。添加完成所有的文件后，如图 4.47 所示（建议从完整的参考工程中复制文件，编者对 CPU 原文件进行了部分修改）。

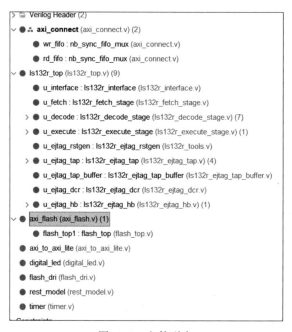

图 4.47 文件列表

很显然，部分文件是分散的，如果不想再自己写一个顶层文件，可以参照如下处理。首先创建一个 Block Design，步骤如图 4.48～图 4.53 所示。

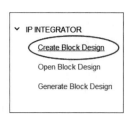

图 4.48 创建时钟设计

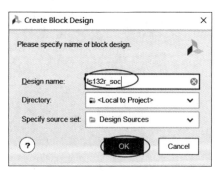

图 4.49 设置详细参数

图 4.50 切换到 Sources 选项卡

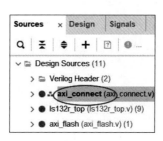
图 4.51 选中文件并右击

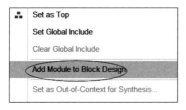
图 4.52 选择"添加模块到区组设计"

提示：将模块引入到 block design 中，然后将对应的引脚连接起来。

图 4.53 提示

正确添加完成所需要的模块后，如图 4.54 所示。

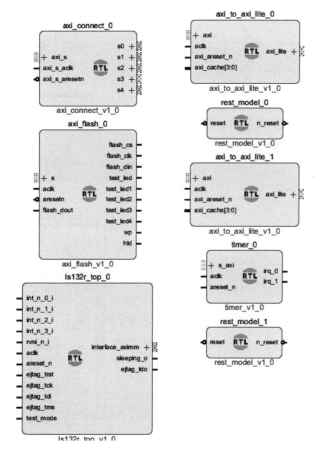

图 4.54 正确添加模块示例

这还不能满足要求，需要添加一些外设如 gpio、串口等，并且需要分频降低 CPU 速度，100MHz 对于这个 FPGA 程序来说还是太快了。操作步骤如图 4.55～图 4.61 所示。

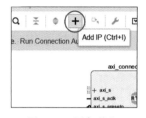

图 4.55　添加按钮

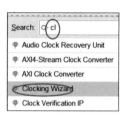

图 4.56　选择时钟向导

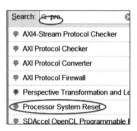

图 4.57　选择"重置处理器系统"

图 4.58　选择此项

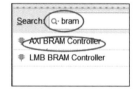

图 4.59　选择此项

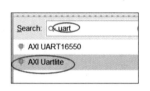

图 4.60　选择此项

提示：当所有模块在 block design 中时，将它们连起来

图 4.61　提示

将它们连接起来，如图 4.62 所示。

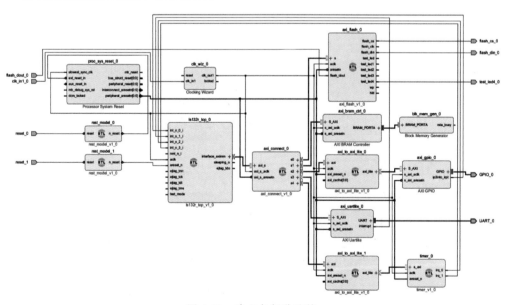

图 4.62　建立各部分连接

注意：连接图中，有的模块有时某个端口不显示，可用鼠标选中该模块，按鼠标右链，在弹出的菜单里选择"设置"菜单条，加上相应的端口。

还有一步，需要分配一下地址，如图 4.63～图 4.65 所示。

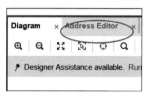

提示：将所有地址分配完毕

图 4.63　切换选项卡　　　　图 4.64　选择"分配地址"　　　　图 4.65　提示

所有地址分配完毕后的情况如图 4.66 所示。

Cell	Slave Int...	Base Name	Offset Address	Range	High Address
∨ ⫸ axi_connect_0					
∨ ⊞ s0 (32 address bits : 4G)					
⊙⊙ axi_flash_0	s	reg0	0x1FC0_0000	64K	0x1FC0_FFFF
∨ ⊞ s1 (32 address bits : 4G)					
⊙⊙ axi_bram_ctrl_0	S_AXI	Mem0	0xC000_0000	32K	0xC000_7FFF
∨ ⊞ s2 (32 address bits : 4G)					
⊙⊙ axi_to_axi_lite_0	axi	reg0	0xD000_0000	64K	0xD000_FFFF
∨ ⊞ s3 (32 address bits : 4G)					
⊙⊙ axi_uartlite_0	S_AXI	Reg	0xD060_0000	64K	0xD060_FFFF
∨ ⊞ s4 (32 address bits : 4G)					
⊙⊙ axi_to_axi_lite_1	axi	reg0	0xD070_0000	64K	0xD070_FFFF
∨ ⫸ ls132r_top_0					
∨ ⊞ interface_aximm (32 address bits : 4G)					
⊙⊙ axi_connect_0	axi_s	reg0	0x0000_0000	4G	0xFFFF_FFFF
∨ ⫸ axi_to_axi_lite_0					
∨ ⊞ axi_lite (32 address bits : 4G)					
⊙⊙ axi_gpio_0	S_AXI	Reg	0xD000_0000	64K	0xD000_FFFF
∨ ⫸ axi_to_axi_lite_1					
∨ ⊞ axi_lite (32 address bits : 4G)					
⊙⊙ timer_0	s_axi	reg0	0xD070_0000	64K	0xD070_FFFF

图 4.66　分配成功

下一步就是将 Block Design 设置为顶层文件了。Block Design 的作用是帮助生成一个 Verilog 模块，如图 4.67～图 4.73 所示。

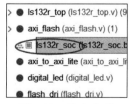
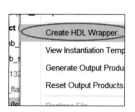

图 4.67　选中此项　　　　图 4.68　选择 HDL Wrapper

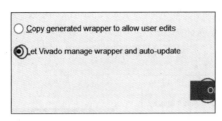　　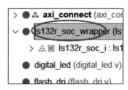

图 4.69　选择此项并确认　　　　　图 4.70　选中此项

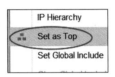　　

提示：到此为止移植所需的
FPGA程序已经全部到位，只
剩下修修补补了。

图 4.71　设为顶层　　图 4.72　此项设置完成后图标已经变化　　　图 4.73　提示

　　如果可以观察到综合通过，就可以测试一下 AXI 通信是否正常，在这里不采用上板测试的方式而采用仿真的方式，只要 LS132R 能够正常读取指令并且执行，就可以认为 AXI 与 flash 的通信是正常的，对于串口、gpio 的测试也是如此。因为不想从板上的 flash 中读取程序，需要一个程序的数据文件，并对 flash 的读取代码稍微进行修改，如下。

```
/* haha13.data */
/* 此文件放在仿真目录下 */
00000000
00000000
00000000
3c1dc001
27bd8000
3c08bfc0
25081428
00005820
00000000
00000000
00000000
0bf00012
00000000
00000000
010b7020
8dcd0000
ad8d0000
216b0004

/* flash_top.v */
//这部分是程序下入板子时用的
//                rdata[31:24]<= temp_rdata[7:0];
```

```
//              rdata[23:16]<= temp_rdata[15:8];
//              rdata[15:8]<= temp_rdata[23:16];
//              rdata[7:0]<= temp_rdata[31:24];
...
/**/
//这部分程序是仿真时候用的,直接读取文件中的数据
//两者之间相互冲突
              rdata <= memory[(raddr>>2)];00005820
...
reg[31:0] memory[0:2000];
initial
begin
    $readmemh("./haha13.data",memory);
end
```

仿真进行时如图 4.74～图 4.81 所示。

图 4.74 单击添加

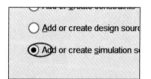
图 4.75 选择此项

图 4.76 源文件命名

图 4.77 选择完成

图 4.78 单击 OK

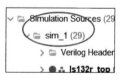
图 4.79 展开项目

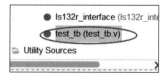
图 4.80 添加成功

提示：然后编写仿真的代码了，这个需要自行学习。

图 4.81 提示

仿真代码如下。

```
module test_tb();
```

```
reg    sys_clk;
reg    sys_rst_n;
reg    sys_rst_n0;
always #10 sys_clk = ~sys_clk;
initial begin
    sys_clk      = 1'b0;
    sys_rst_n    = 1'b0;
    sys_rst_n0   = 1'b0;
    #100
    sys_rst_n    = 1'b1;
    #2000
    sys_rst_n    = 1'b0;
    #20000
    sys_rst_n0   = 1'b1;
    #2000
    sys_rst_n0   = 1'b0;
end
ls132r_soc_wrapper(
    .GPIO_0_tri_io(),
    .UART_0_rxd(),
    .UART_0_txd(),
    .clk_in1_0(sys_clk),
    .flash_clk_0(),
    .flash_cs_0(),
    .flash_din_0(),
    .flash_dout_0(),
    .reset_0(sys_rst_n),       //总线先 reset,
    .reset_1(sys_rst_n0)       //CPU 后 reset,注意不同的代码中设计可能有所不同
);
endmodule
```

完成仿真代码编写后,将仿真文件设置为顶层文件,开始仿真,如图 4.82～图 4.84 所示。

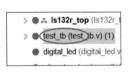

图 4.82 选中文件

图 4.83 设为顶层

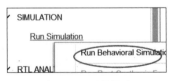

图 4.84 开始仿真

仿真窗口打开后(如果仿真打开时报错,可能是仿真代码部分出了错误,需要自行更正)如图 4.85 所示。

在窗口中可以添加欲查看的信号。单击"运行"按钮可以看到如图 4.86 所示的仿真,说明 AXI 通信正常。如果不正常,第一步取值就会进行不下去(参考龙芯的文档,pc 代表

地址，inst 代表对应指令内容，从 bfc0000 取值，而物理地址是 1fc0000）。

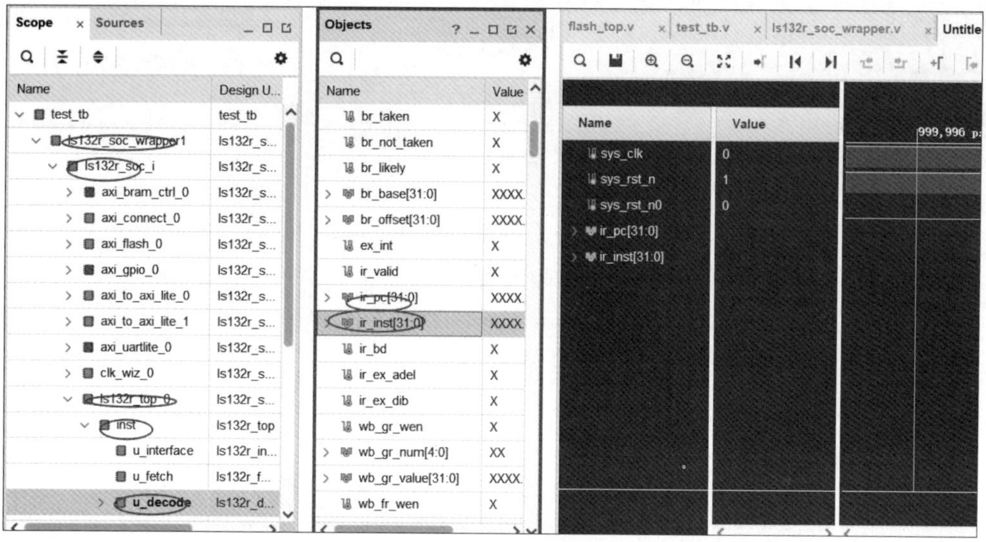

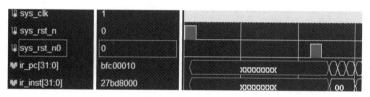

图 4.85　仿真窗口

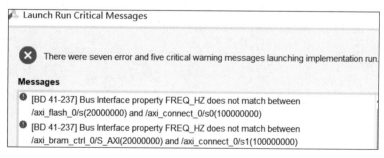

图 4.86　查看具体的值

4.4　汇编版点亮 LED 实验

本实验是在上个实验的基础上进行的，再次提醒需要将时钟分频到 20MHz 左右，请参考 flash 读取实验，直接生成 bit 文件可能会报这个错误，如图 4.87 所示。

图 4.87　报错信息界面

此时修改如图 4.88～图 4.90 所示。

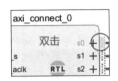
图 4.88 单击此处
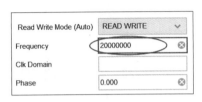
图 4.89 设置频率

提示：其余的类似修改。

图 4.90 提示

下面应该正常生成 ls132r_soc_wrapper.bit，如果不对 FPGA 电路进行改进，这就是最终板的 FPGA 程序了，可以将它保存起来备用。

接着开始生成烧入 Flash 所用的.bin 文件。找到 led_asm.s 文件，其在"Logon_cpu_trans_to_nexy_4\移植过程测试程序\汇编版点亮 LED 灯"目录下，现在将 led_asm.s 复制到"Logon_cpu_trans_to_nexy_4\toolchain\build"目录下，然后进行如图 4.91 所示操作。

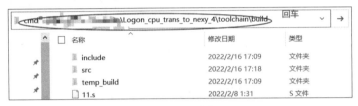
图 4.91 目标路径

在 cmd 窗口中输入如下命令。

..\\bin\\mips-mti-elf-as.exe -32 -mips32 led_asm.s -o led_asm.o

..\\bin\\mips-mti-elf-ld.exe -T mytest.ld led_asm.o -o led_asm.om

..\\bin\\mips-mti-elf-objcopy.exe -O binary led_asm.om led_asm.bin
/* 反汇编与仿真结合，可能会使检查错误容易一些 */
..\\bin\\mips-mti-elf-objdump.exe -D led_asm.om > led_asm.asm

输入完成上面的命令后，会在 build 文件夹下看到 led_asm.bin 文件，将它复制到工程目录下，之后运行烧入步骤，如图 4.92～图 4.99 所示。

图 4.92 单击 Open Hadeware Manager

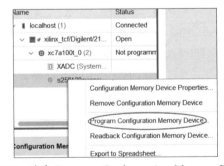
图 4.93 选中 Program Configuration Memory Device

图 4.94　填写路径

图 4.95　单击 OK

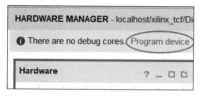
图 4.96　单击此处

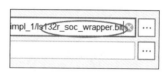
图 4.97　填写路径

图 4.98　单击 Program

提示：在这个工程中 P17 是总线复位按钮，M18 是 CPU 复位按钮。先总线复位，再 CPU 复位。记得按久一些。其他工程引脚定义可能不同。

图 4.99　提示

如果在实验的过程中没有遇到错误，最后的实验结果应该如图 4.100 所示。

图 4.100　正确的下板结果

4.5　C 语言版点亮 LED 实验

这里不进行相关原理的介绍，相关实现的原理在第 2 章中有讲解。先来看看 GPIO 的地址，操作步骤如图 4.101～图 4.103 所示。

图 4.101 选中此处

图 4.102 切换至如图选项卡

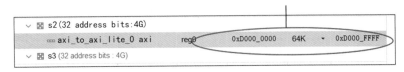

图 4.103 查看 GPIO 地址

现在已经知道 GPIO 分配的地址是 0xD000_0000～0xD000_FFFF（其实用不了这么多）。再看看 Xilinx 关于 GPIO 的 IP 核相关的文档（pg144-axi-gpio.pdf），如图 4.104 所示。

Address Space Offset[3]	Register Name	Access Type	Default Value	Description
0x0000	GPIO_DATA	R/W	0x0	Channel 1 AXI GPIO Data Register.
0x0004	GPIO_TRI	R/W	0x0	Channel 1 AXI GPIO 3-state Control Register.
0x0008	GPIO2_DATA	R/W	0x0	Channel 2 AXI GPIO Data Register.
0x000C	GPIO2_TRI	R/W	0x0	Channel 2 AXI GPIO 3-state Control.
0x011C	GIER[1]	R/W	0x0	Global Interrupt Enable Register.
0x0128	IP IER[1]	R/W	0x0	IP Interrupt Enable Register (IP IER).
0x0120	IP ISR[1]	R/TOW[2]	0x0	IP Interrupt Status Register.

图 4.104 IP 核相关参数

稍微讲解一下，GPIO_DATA 就是引脚输出值的寄存器，输出 0 对应引脚就是低电平，输出高对应引脚就是高电平。如果是输入引脚，读取的就是对应引脚上的值。GPIO_TRI 用于定义是输入还是输出。GIER 的意思为是否打开全局中断，IP_IER 的意思为是否使能对应通道中断，IP_ISR 是对应通道的中断状态，如果往 IP_ISR 中写零，就可以清除相应中断。32 个引脚共用一个通道，共用一个中断位。如果对这个 GPIO 的 IP 核不够满意，可以自己写一个；如果对总线不够满意，可以自己定义一个。如果对 LS132R 的 AXI 接口不满意，可以全部推翻自己设计一个。不过据观察，CPU 接口遵循 ARM 的 AMBA 协议形式比较多。

根据观察图 4.104 可知，在本文的设计中，GPIO_DATA 寄存器的地址是 0xD000_0000，GPIO_TRI 寄存器地址是 0xD000_0004。下面来看看 main 函数。

```
#include "../include/minicrt.h"
#include "../include/system.h"
```

```c
#include "../include/gpio.h"

int main(void)
{
    unsigned int * gpio_tri_addr  = GPIO_TRI_ADDR;
    unsigned int * gpio_data_addr = GPIO_DATA_ADDR;
    * gpio_tri_addr = 0x0;//地址 0xD000_0004 写入 0x0
    while(1){
        * gpio_data_addr = 0xffffffff; //地址 0xD000_0000 写入 0xffffffff
        udelay(200000);
        * gpio_data_addr = 0xff3fffff;
        udelay(200000);
    }
    return 0;
}
```

将 main.c 文件复制到"toolchain\build\src"目录下。在此路径下打开 cmd 窗口,如图 4.105 所示。

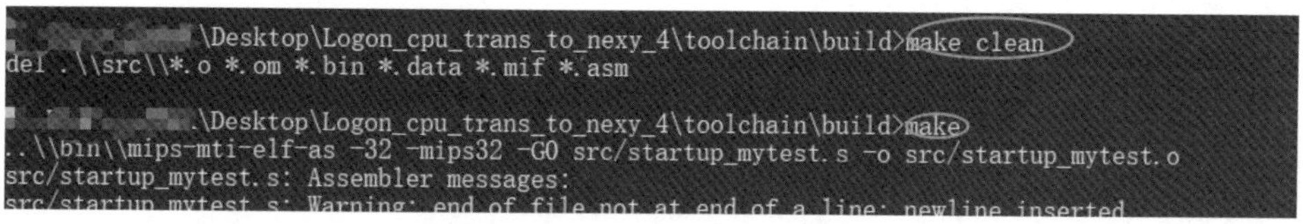

图 4.105　cmd 窗口运行结果

之后就是与之前类似的烧录 Flash、下载 FPGA 程序。最后显示的结果如图 4.106 所示(有关 C 语言如何编译成汇编,汇编代码如何运行请查看第 2 章)。

图 4.106　开发板下板结果

4.6 C 语言版时钟实验

时钟实验的目的主要是验证中断功能是否正确,其中还存在着不少的缺陷,如硬件中断、软件中断、例外函数并没有完成。多个中断到来的情况也没有考虑,当这些意外情况出现后,时钟程序也许就崩溃了。时钟程序在目录"Logon_cpu_trans_to_nexy_4\移植过程测试程序\C 语言版时钟实验"。时钟程序的代码如下,可参考具体注释理解。

```
int main(void)
{
    set_gpio_tri(0xffff0000,false);         //设置低 16 位为输出
    set_gpio_tri(0x02000000,true);          //设置第 25 位为输入,L16
…
    while(1){
        send = get_seconds();
…
        digital_led(5,(hour /10)%10);
        udelay(3000);
        flag = read_gpio(0x03000000);       //测试 GPIO 读功能是否正常
        if(flag != 0){
            set_led(true);
        }else{
            set_led(false);
        }
    }
    return 0;
}
```

参照上一个实验将代码烧入到 FPGA 板上,如果在下载的过程中没有报错,可以看到如图 4.107 所示的实验结果。

图 4.107　开发板下板结果

第 5 章　CPU 性能验证

5.1　性能验证数学模型及算法程序

本实验采用的数学模式如下：a、b、c、d 分别为 4 个数组，它们的取值公式由下面的示例给出，现要求求得 c、d 数组中各个数字的值，并依次将其输出。

$$a[m], b[m], c[m], d[m];$$
$$a[0]=0.0;$$
$$b[0]=1.0;$$
$$a[i]=a[i-1]+i;$$
$$b[i]=b[i-1]+3i;$$
$$c[i]=\begin{cases}a[i], & 0\leqslant i\leqslant 9\\ a[i]+b[i], & 10\leqslant i\leqslant 29\\ (a[i]*b[i])\ll 1, & 30\leqslant i\leqslant 49\end{cases}$$
$$d[i]=\begin{cases}b[i]+c[i], & 0\leqslant i\leqslant 9\\ a[i]*c[i], & 10\leqslant i\leqslant 29\\ c[i]*b[i]/(d[i-1]\gg 1), & 30\leqslant i\leqslant 49\end{cases}$$

C 语言示例代码如图 5.1 所示。

```c
#include "../include/minicrt.h"
#include "../include/system.h"
#include "../include/gpio.h"

int kk =5;
static unsigned int gpio_data =0;
static unsigned int gpio_tri =0;
int a[50],b[50],c[50],d[50];
int i;

void test_app()
{
    for(i =0;i<=49;i++)
    {
        if(i ==0)
        {
            a[i] =0;
            b[i] =1;
            c[i] =a[i];
            d[i] =b[i]+c[i];
```

图 5.1　C 语言具体实现

```c
            }
            else{
                a[i] =a[i-1]+i;
                b[i] =b[i-1]+3*i;
                if(i<=9)
                {
                    c[i] =a[i];
                    d[i] =b[i]+c[i];
                }
                else if(i<=29)
                {
                    c[i] =a[i]+b[i];
                    d[i] =a[i]*c[i];
                }
                else
                {
                    c[i] = ((a[i]*b[i]))<<1;
                    d[i] =c[i]*b[i]/((d[i-1])>>1);
                }
            }
        }
}

//设置 gpio 是输出还是输入
void set_gpio_tri(unsigned int value,bool is_input){
    unsigned int * gpio_tri_addr  = GPIO_TRI_ADDR;
    if(is_input==true){
        //这个设计的目的是保证其他位的值不变
        //例如设置第 1 位为输入,is_input = true,value = 0x0000 0001;
        * gpio_tri_addr = gpio_tri | value;
    } else{
        //这个设计的目的是保证其他位的值不变
        //例如设置第 1 位为输出,is_input = false,value = 0xffff fffe;
        * gpio_tri_addr = gpio_tri & value;
    }
}

void write_gpio(void){
    unsigned int * gpio_data_addr = GPIO_DATA_ADDR;
    * gpio_data_addr     = gpio_data;
}

void digital_led(int id,int digital_num){
    unsigned int seg =0;
    switch(digital_num){
        case 0: seg =0x03;break; //0000 0011
        case 1: seg =0x9f;break; //1001 1111
```

图 5.1 （续）

```c
        case 2: seg =0x25;break;  //0010 0101
        case 3: seg =0x0d;break;  //0000 1101
        case 4: seg =0x99;break;  //1001 1001
        case 5: seg =0x49;break;  //0100 1001
        case 6: seg =0x41;break;  //0100 0001
        case 7: seg =0x1f;break;  //0001 1111
        case 8: seg =0x01;break;  //0000 0001
        case 9: seg =0x09;break;  //0000 1001
        case 10: seg =0x11;break; //0001 0001
        default: seg =0x00;
    }

    switch(id){
        case 0: seg =0xfe00| seg;break;              //1111 1110 fe
        case 1: seg =0xfd00| seg;break;              //1111 1101 fd
        case 2: seg =0xfb00| (seg&0xfe);break;       //1111 1011 fb
        case 3: seg =0xf700| seg;break;              //1111 0111 f7
        case 4: seg =0xef00| seg;break;              //1110 1111 ef
        case 5: seg =0xdf00| seg;break;              //1101 1111 df
        case 6: seg =0xbf00| seg;break;              //1011 1111 bf
        case 7: seg =0x7f00| seg;break;              //0111 1111 7f
        default: seg =0x00;
    }
    gpio_data = gpio_data & 0xffff0000;
    gpio_data = gpio_data | seg;
    write_gpio();
}

int main()
{
    set_gpio_tri(0xffff0000,false);
    int send,oldsend;
    int cal_time;
    send =get_seconds();
    oldsend = send;
    while(1)
    {
        cal_time =0;
        send =get_seconds();
        while(send == oldsend)
        {
            send =get_seconds();
            test_app();
            cal_time++;
        }
        oldsend = send;
        for(i=0;i<8;i++)
        {
```

图 5.1 （续）

```
            digital_led(i,cal_time%10);
            udelay(2000);
            cal_time = cal_time/10;
        }
    }
    return0;
}
```

图 5.1 （续）

汇编语言示例代码如下，注释供参考。

```
        .text
        .align    2
        .globl    main
        .set      nomips16
        .set      nomicromips

        j main
        exc:
        nop
        j exc
main:
    addi $t1,$0,0   ##$t1 = a[0] = 0
    addi $t2,$0,1   ##$t2 = b[0] = 1
    addi $t5,$0,0   #init $t5 = i = 0
    addi $t3,$t1,0  ##$t3 = c[0] = a[0]
    addi $t4,$t2,1  ##$t4 = d[0] = b[0]
    addi $t6,$0,10  ##$t6 = 20 = 结束条件1
    addi $t7,$0,30  ##$t7 = 40 = 结束条件2
    addi $t8,$0,50  ##$t8 = 60 = 结束条件3
loop:
    addi $t5,$t5,1        #i = i + 1
    add $t1,$t1,$t5       #a[i] = a[i-1] + i
    add $t2,$t2,$t5
    add $t2,$t2,$t5
    add $t2,$t2,$t5       #b[i] = b[i-1] + 3i
less_than_9:
    bge $t5,$t6,less_than_29 #if(i >= 20) jump
    addi $t3,$t1,0           #c[i] = a[i] + 0
    addi $t4,$t2,0           #d[i] = b[i] + 0
    j loop
less_than_29:
    bge $t5,$t7,less_than_49 #if(i == 40) jump
    add $t3,$t1,$t2          #c[i] = a[i]+b[i]
    mul $t4,$t1,$t3          #d[i] = a[i] * c[i]
```

```
        j loop
    less_than_49:
        beq $t5,$t8,exc      #if(i == 60) jump
        mul $t3,$t1,$t2      #c[i] = a[i] * b[i]
        sll $t3,$t3,1        #c[i] = c[i] << 1
        mul $t9,$t3,$t2      #tmp = c[i] * b[i]
        sra $t4,$t4,1        #d[i-1] = d[i-1]>>1
        div $t4,$t9,$t4      #d[i] = tmp/d[i-1]
        j loop
```

5.2 性能验证程序下板测试过程与实现

5.2.1 下板过程

(1) 编译 C 语言程序为目标程序。

打开 cmd 窗口，进入 toolchain 文件夹下的 build 目录下，然后使用 make clean & make 命令编译成 bin 文件。编译过程如图 5.2 所示。

图 5.2 cmd 窗口运行结果

(2) 进行 synthesis(综合)以及 implementation(布线)然后生成 bit 流。

(3) 将 test.bin 文件烧入开发板的 flash 中,如图 5.3 所示。

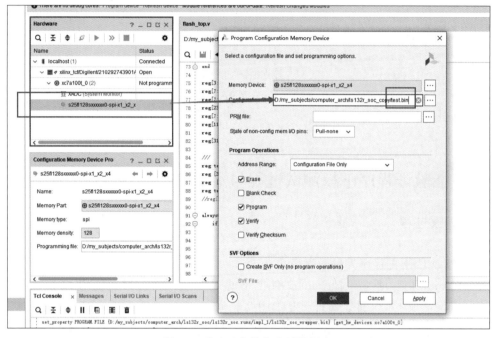

图 5.3　将 bin 文件烧入开发板中

(4) 将 FPGA 程序烧入开发板中运行,结果如图 5.4 所示。

图 5.4　开发板下板结果

可以看到该程序每秒运行的次数。

5.2.2　程序性能分析

查看此 C 语言程序中性能测试函数的汇编代码,查看运行一次该函数大概要运行多少次定点运算。

机器代码如下。

```
bfc00490 <test_app>:
bfc00490: 27bdfff8    addiu  sp,sp,-8
bfc00494: afbe0004    sw     s8,4(sp)
bfc00498: 03a0f025    move   s8,sp
bfc0049c: 3c02c000    lui    v0,0xc000
bfc004a0: ac400158    sw     zero,344(v0)
bfc004a4: 10000101    b      bfc008ac <test_app+0x41c>
bfc004a8: 00000000    nop
bfc004ac: 3c02c000    lui    v0,0xc000
bfc004b0: 8c420158    lw     v0,344(v0)
bfc004b4: 14400036    bnez   v0,bfc00590 <test_app+0x100>
bfc004b8: 00000000    nop
bfc004bc: 3c02c000    lui    v0,0xc000
bfc004c0: 8c430158    lw     v1,344(v0)
bfc004c4: 3c02c000    lui    v0,0xc000
bfc004c8: 00031880    sll    v1,v1,0x2
bfc004cc: 244202ec    addiu  v0,v0,748
bfc004d0: 00621021    addu   v0,v1,v0
bfc004d4: ac400000    sw     zero,0(v0)
bfc004d8: 3c02c000    lui    v0,0xc000
bfc004dc: 8c430158    lw     v1,344(v0)
bfc004e0: 3c02c000    lui    v0,0xc000
bfc004e4: 00031880    sll    v1,v1,0x2
bfc004e8: 24420090    addiu  v0,v0,144
bfc004ec: 00621021    addu   v0,v1,v0
bfc004f0: 24030001    li     v1,1
bfc004f4: ac430000    sw     v1,0(v0)
bfc004f8: 3c02c000    lui    v0,0xc000
bfc004fc: 8c440158    lw     a0,344(v0)
bfc00500: 3c02c000    lui    v0,0xc000
bfc00504: 8c430158    lw     v1,344(v0)
bfc00508: 3c02c000    lui    v0,0xc000
bfc0050c: 00031880    sll    v1,v1,0x2
bfc00510: 244202ec    addiu  v0,v0,748
bfc00514: 00621021    addu   v0,v1,v0
bfc00518: 8c430000    lw     v1,0(v0)
bfc0051c: 3c02c000    lui    v0,0xc000
bfc00520: 00042080    sll    a0,a0,0x2
bfc00524: 2442015c    addiu  v0,v0,348
bfc00528: 00821021    addu   v0,a0,v0
bfc0052c: ac430000    sw     v1,0(v0)
```

```
bfc00530: 3c02c000    lui   v0,0xc000
bfc00534: 8c440158    lw    a0,344(v0)
bfc00538: 3c02c000    lui   v0,0xc000
bfc0053c: 8c430158    lw    v1,344(v0)
bfc00540: 3c02c000    lui   v0,0xc000
bfc00544: 00031880    sll   v1,v1,0x2
bfc00548: 24420090    addiu v0,v0,144
bfc0054c: 00621021    addu  v0,v1,v0
bfc00550: 8c430000    lw    v1,0(v0)
bfc00554: 3c02c000    lui   v0,0xc000
bfc00558: 8c450158    lw    a1,344(v0)
bfc0055c: 3c02c000    lui   v0,0xc000
bfc00560: 00052880    sll   a1,a1,0x2
bfc00564: 2442015c    addiu v0,v0,348
bfc00568: 00a21021    addu  v0,a1,v0
bfc0056c: 8c420000    lw    v0,0(v0)
bfc00570: 00621821    addu  v1,v1,v0
bfc00574: 3c02c000    lui   v0,0xc000
bfc00578: 00042080    sll   a0,a0,0x2
bfc0057c: 24420224    addiu v0,v0,548
bfc00580: 00821021    addu  v0,a0,v0
bfc00584: ac430000    sw    v1,0(v0)
bfc00588: 100000c3    b     bfc00898 <test_app+0x408>
bfc0058c: 00000000    nop
bfc00590: 3c02c000    lui   v0,0xc000
bfc00594: 8c440158    lw    a0,344(v0)
bfc00598: 3c02c000    lui   v0,0xc000
bfc0059c: 8c420158    lw    v0,344(v0)
bfc005a0: 2443ffff    addiu v1,v0,-1
bfc005a4: 3c02c000    lui   v0,0xc000
bfc005a8: 00031880    sll   v1,v1,0x2
bfc005ac: 244202ec    addiu v0,v0,748
bfc005b0: 00621021    addu  v0,v1,v0
bfc005b4: 8c430000    lw    v1,0(v0)
bfc005b8: 3c02c000    lui   v0,0xc000
bfc005bc: 8c420158    lw    v0,344(v0)
bfc005c0: 00621821    addu  v1,v1,v0
bfc005c4: 3c02c000    lui   v0,0xc000
bfc005c8: 00042080    sll   a0,a0,0x2
bfc005cc: 244202ec    addiu v0,v0,748
bfc005d0: 00821021    addu  v0,a0,v0
bfc005d4: ac430000    sw    v1,0(v0)
bfc005d8: 3c02c000    lui   v0,0xc000
bfc005dc: 8c440158    lw    a0,344(v0)
```

```
bfc005e0: 3c02c000    lui   v0,0xc000
bfc005e4: 8c420158    lw    v0,344(v0)
bfc005e8: 2443ffff    addiu v1,v0,-1
bfc005ec: 3c02c000    lui   v0,0xc000
bfc005f0: 00031880    sll   v1,v1,0x2
bfc005f4: 24420090    addiu v0,v0,144
bfc005f8: 00621021    addu  v0,v1,v0
bfc005fc: 8c450000    lw    a1,0(v0)
bfc00600: 3c02c000    lui   v0,0xc000
bfc00604: 8c430158    lw    v1,344(v0)
bfc00608: 00601025    move  v0,v1
bfc0060c: 00021040    sll   v0,v0,0x1
bfc00610: 00431021    addu  v0,v0,v1
bfc00614: 00a21821    addu  v1,a1,v0
bfc00618: 3c02c000    lui   v0,0xc000
bfc0061c: 00042080    sll   a0,a0,0x2
bfc00620: 24420090    addiu v0,v0,144
bfc00624: 00821021    addu  v0,a0,v0
bfc00628: ac430000    sw    v1,0(v0)
bfc0062c: 3c02c000    lui   v0,0xc000
bfc00630: 8c420158    lw    v0,344(v0)
bfc00634: 2842000a    slti  v0,v0,10
bfc00638: 10400027    beqz  v0,bfc006d8 <test_app+0x248>
bfc0063c: 00000000    nop
bfc00640: 3c02c000    lui   v0,0xc000
bfc00644: 8c440158    lw    a0,344(v0)
bfc00648: 3c02c000    lui   v0,0xc000
bfc0064c: 8c430158    lw    v1,344(v0)
bfc00650: 3c02c000    lui   v0,0xc000
bfc00654: 00031880    sll   v1,v1,0x2
bfc00658: 244202ec    addiu v0,v0,748
bfc0065c: 00621021    addu  v0,v1,v0
bfc00660: 8c430000    lw    v1,0(v0)
bfc00664: 3c02c000    lui   v0,0xc000
bfc00668: 00042080    sll   a0,a0,0x2
bfc0066c: 2442015c    addiu v0,v0,348
bfc00670: 00821021    addu  v0,a0,v0
bfc00674: ac430000    sw    v1,0(v0)
bfc00678: 3c02c000    lui   v0,0xc000
bfc0067c: 8c440158    lw    a0,344(v0)
bfc00680: 3c02c000    lui   v0,0xc000
bfc00684: 8c430158    lw    v1,344(v0)
bfc00688: 3c02c000    lui   v0,0xc000
bfc0068c: 00031880    sll   v1,v1,0x2
```

```
bfc00690: 24420090    addiu   v0,v0,144
bfc00694: 00621021    addu    v0,v1,v0
bfc00698: 8c430000    lw      v1,0(v0)
bfc0069c: 3c02c000    lui     v0,0xc000
bfc006a0: 8c450158    lw      a1,344(v0)
bfc006a4: 3c02c000    lui     v0,0xc000
bfc006a8: 00052880    sll     a1,a1,0x2
bfc006ac: 2442015c    addiu   v0,v0,348
bfc006b0: 00a21021    addu    v0,a1,v0
bfc006b4: 8c420000    lw      v0,0(v0)
bfc006b8: 00621821    addu    v1,v1,v0
bfc006bc: 3c02c000    lui     v0,0xc000
bfc006c0: 00042080    sll     a0,a0,0x2
bfc006c4: 24420224    addiu   v0,v0,548
bfc006c8: 00821021    addu    v0,a0,v0
bfc006cc: ac430000    sw      v1,0(v0)
bfc006d0: 10000071    b       bfc00898 <test_app+0x408>
bfc006d4: 00000000    nop
bfc006d8: 3c02c000    lui     v0,0xc000
bfc006dc: 8c420158    lw      v0,344(v0)
bfc006e0: 2842001e    slti    v0,v0,30
bfc006e4: 10400030    beqz    v0,bfc007a8 <test_app+0x318>
bfc006e8: 00000000    nop
bfc006ec: 3c02c000    lui     v0,0xc000
bfc006f0: 8c440158    lw      a0,344(v0)
bfc006f4: 3c02c000    lui     v0,0xc000
bfc006f8: 8c430158    lw      v1,344(v0)
bfc006fc: 3c02c000    lui     v0,0xc000
bfc00700: 00031880    sll     v1,v1,0x2
bfc00704: 244202ec    addiu   v0,v0,748
bfc00708: 00621021    addu    v0,v1,v0
bfc0070c: 8c430000    lw      v1,0(v0)
bfc00710: 3c02c000    lui     v0,0xc000
bfc00714: 8c450158    lw      a1,344(v0)
bfc00718: 3c02c000    lui     v0,0xc000
bfc0071c: 00052880    sll     a1,a1,0x2
bfc00720: 24420090    addiu   v0,v0,144
bfc00724: 00a21021    addu    v0,a1,v0
bfc00728: 8c420000    lw      v0,0(v0)
bfc0072c: 00621821    addu    v1,v1,v0
bfc00730: 3c02c000    lui     v0,0xc000
bfc00734: 00042080    sll     a0,a0,0x2
bfc00738: 2442015c    addiu   v0,v0,348
bfc0073c: 00821021    addu    v0,a0,v0
```

```
bfc00740: ac430000    sw    v1,0(v0)
bfc00744: 3c02c000    lui   v0,0xc000
bfc00748: 8c430158    lw    v1,344(v0)
bfc0074c: 3c02c000    lui   v0,0xc000
bfc00750: 8c440158    lw    a0,344(v0)
bfc00754: 3c02c000    lui   v0,0xc000
bfc00758: 00042080    sll   a0,a0,0x2
bfc0075c: 244202ec    addiu v0,v0,748
bfc00760: 00821021    addu  v0,a0,v0
bfc00764: 8c440000    lw    a0,0(v0)
bfc00768: 3c02c000    lui   v0,0xc000
bfc0076c: 8c450158    lw    a1,344(v0)
bfc00770: 3c02c000    lui   v0,0xc000
bfc00774: 00052880    sll   a1,a1,0x2
bfc00778: 2442015c    addiu v0,v0,348
bfc0077c: 00a21021    addu  v0,a1,v0
bfc00780: 8c420000    lw    v0,0(v0)
bfc00784: 00820018    mult  a0,v0
bfc00788: 3c02c000    lui   v0,0xc000
bfc0078c: 00031880    sll   v1,v1,0x2
bfc00790: 24420224    addiu v0,v0,548
bfc00794: 00621021    addu  v0,v1,v0
bfc00798: 00001812    mflo  v1
bfc0079c: ac430000    sw    v1,0(v0)
bfc007a0: 1000003d    b     bfc00898 <test_app+0x408>
bfc007a4: 00000000    nop
bfc007a8: 3c02c000    lui   v0,0xc000
bfc007ac: 8c440158    lw    a0,344(v0)
bfc007b0: 3c02c000    lui   v0,0xc000
bfc007b4: 8c430158    lw    v1,344(v0)
bfc007b8: 3c02c000    lui   v0,0xc000
bfc007bc: 00031880    sll   v1,v1,0x2
bfc007c0: 244202ec    addiu v0,v0,748
bfc007c4: 00621021    addu  v0,v1,v0
bfc007c8: 8c430000    lw    v1,0(v0)
bfc007cc: 3c02c000    lui   v0,0xc000
bfc007d0: 8c450158    lw    a1,344(v0)
bfc007d4: 3c02c000    lui   v0,0xc000
bfc007d8: 00052880    sll   a1,a1,0x2
bfc007dc: 24420090    addiu v0,v0,144
bfc007e0: 00a21021    addu  v0,a1,v0
bfc007e4: 8c420000    lw    v0,0(v0)
bfc007e8: 00620018    mult  v1,v0
bfc007ec: 00001012    mflo  v0
```

```
bfc007f0: 00021840    sll    v1,v0,0x1
bfc007f4: 3c02c000    lui    v0,0xc000
bfc007f8: 00042080    sll    a0,a0,0x2
bfc007fc: 2442015c    addiu  v0,v0,348
bfc00800: 00821021    addu   v0,a0,v0
bfc00804: ac430000    sw     v1,0(v0)
bfc00808: 3c02c000    lui    v0,0xc000
bfc0080c: 8c430158    lw     v1,344(v0)
bfc00810: 3c02c000    lui    v0,0xc000
bfc00814: 8c440158    lw     a0,344(v0)
bfc00818: 3c02c000    lui    v0,0xc000
bfc0081c: 00042080    sll    a0,a0,0x2
bfc00820: 2442015c    addiu  v0,v0,348
bfc00824: 00821021    addu   v0,a0,v0
bfc00828: 8c440000    lw     a0,0(v0)
bfc0082c: 3c02c000    lui    v0,0xc000
bfc00830: 8c450158    lw     a1,344(v0)
bfc00834: 3c02c000    lui    v0,0xc000
bfc00838: 00052880    sll    a1,a1,0x2
bfc0083c: 24420090    addiu  v0,v0,144
bfc00840: 00a21021    addu   v0,a1,v0
bfc00844: 8c420000    lw     v0,0(v0)
bfc00848: 00820018    mult   a0,v0
bfc0084c: 3c02c000    lui    v0,0xc000
bfc00850: 8c420158    lw     v0,344(v0)
bfc00854: 2444ffff    addiu  a0,v0,-1
bfc00858: 3c02c000    lui    v0,0xc000
bfc0085c: 00042080    sll    a0,a0,0x2
bfc00860: 24420224    addiu  v0,v0,548
bfc00864: 00821021    addu   v0,a0,v0
bfc00868: 8c420000    lw     v0,0(v0)
bfc0086c: 00021043    sra    v0,v0,0x1
bfc00870: 00002012    mflo   a0
bfc00874: 0082001a    div    zero,a0,v0
bfc00878: 004001f4    teq    v0,zero,0x7
bfc0087c: 00001010    mfhi   v0
bfc00880: 00002012    mflo   a0
bfc00884: 3c02c000    lui    v0,0xc000
bfc00888: 00031880    sll    v1,v1,0x2
bfc0088c: 24420224    addiu  v0,v0,548
bfc00890: 00621021    addu   v0,v1,v0
bfc00894: ac440000    sw     a0,0(v0)
bfc00898: 3c02c000    lui    v0,0xc000
```

```
bfc0089c: 8c420158    lw    v0,344(v0)
bfc008a0: 24430001    addiu v1,v0,1
bfc008a4: 3c02c000    lui   v0,0xc000
bfc008a8: ac430158    sw    v1,344(v0)
bfc008ac: 3c02c000    lui   v0,0xc000
bfc008b0: 8c420158    lw    v0,344(v0)
bfc008b4: 28420032    slti  v0,v0,50
bfc008b8: 1440fefc    bnez  v0,bfc004ac <test_app+0x1c>
bfc008bc: 00000000    nop
bfc008c0: 03c0e825    move  sp,s8
bfc008c4: 8fbe0004    lw    s8,4(sp)
bfc008c8: 27bd0008    addiu sp,sp,8
bfc008cc: 03e00008    jr    ra
bfc008d0: 00000000    nop
```

经过计算可以知道，第一次初始化需要运行 57 条定点指令，之后 9 次循环要运行 50 条定点运算指令，之后 20 次循环要运行 44 条定点运算指令，最后 20 次循环要运行 57 条指令，因此函数一次运行要运行 2567 条指令，每秒运行 44 次，因此运算速度为 0.112 846mips，与汇编指令相差不大。

5.3 CPU 的性能指标定性分析

分别用 C 语言和 MIPS 指令编写性能验证程序，C 语言利用 gcc 编译器编译生成目标程序，MIPS 指令汇编程序 Mars 编译生成目标程序，测试并比较分析两种方式下 CPU 的定点运算性能及差异，单位为 mips。

5.3.1 性能差异

经过上述分析，可以总结区别如表 5.1 所示。

表 5.1　C 语言测试程序与汇编测试程序的对比

	C 语言测试程序	汇编测试程序
每秒运行测试程序的次数	44～45	149.351 8
每秒运行的定点运算指令条数/mips	0.112 846	0.128 446

5.3.2 现象分析

（1）无论是 C 程序还是汇编程序，CPU 每秒运行的定点运算指令是不会变的，从表 5.1 的第二行可以看出，两者之间相差不大。

（2）程序运行的速度取决于编译器生成的汇编代码的机器指令条数,完成同一功能所需的机器指令条数越大,则速度越慢。因为汇编程序的机器指令较少,因此表 5.1 的第一行中汇编程序的速度更快,基本上是 C 语言测试程序的 3.31 倍。影响程序运行速度的主要因素是编译成汇编程序的优化效率,优化效率越高,完成某一功能所需的汇编指令就会越少,于是程序运行的速度就会加快。但是每秒钟 CPU 运行的定点运算指令是不会改变的(因为 CPU 的主频没有改变,仍是 100MHz)。

第 6 章　Linux 操作系统编译

　　Linux 内核的修订通常会修复旧版本的 bug 并增加新特性。为了利用这些新特性或定制更高效、更稳定的内核,用户可能需要重新编译内核。升级到更新的内核可以获得更好的硬件支持、进程管理、运行速度和稳定性,同时修复已知的安全漏洞。因此对内核进行编译有其必要性,本章将介绍 Linux 内核编译的步骤。由于本书并不是对 Linux 系统进行详解的书籍,因此命令的含义则不做具体解释。

　　对于下载了 kernel 编译环境虚拟机镜像的读者,请直接从第(6)步开始。

　　该过程列出了详细的步骤,需要有一定 Linux 基础,具体就不做讲解了。

　　复制 gcc 到/opt。

　　vi .bashrc,在最后一行按 O 键,添加一个空行,然后按 I 键进入字符插入模式,输入。

　　export PATH=/opt/gcc-4.9.3-64-gnu/bin:$PATH,保存退出。

　　注意:绝对文件目录路径如/home/linux/opt……。

source .bashrc

　　(1) apt-get update

　　(2) apt-get install libncurses5-dev

　　(3) apt-get install bc

　　(4) apt-get install make

　　(5) apt-get install gcc

　　(6) 将从龙芯 FTP 上下载的内核源码复制到虚拟机中,如/root 目录。解压,进入内核源码。

目录,跳到第(10)步修改内核源码。

　　(7) make ARCH=mips CROSS_COMPILE=mips64el-linux- menuconfig

　　(8) make ARCH=mips CROSS_COMPILE=mips64el-linux-

　　(9) make ARCH=mips CROSS_COMPILE=mips64el-linux- modules_install

　　第(9)的目的是在虚拟机/lib/modules/文件夹下生成 2K 大小的文件夹存放内核模块,内核将和生成的 vmlinuz 一起复制出来,成为内核镜像模块。

　　(10) 对于龙芯派 2 代的内核需要删除下面两个文件的其中一行,不然会像图 6.1 那样报错。

　　注意:该步在留存的 linux-3.10.tar.gz 文件中已修改,可以不做。

　　注意第(7)步的命令 make ARCH=mips CROSS_COMPILE=mips64el-linux-menuconfig 输入后会弹出如图 6.2 所示的配置界面。

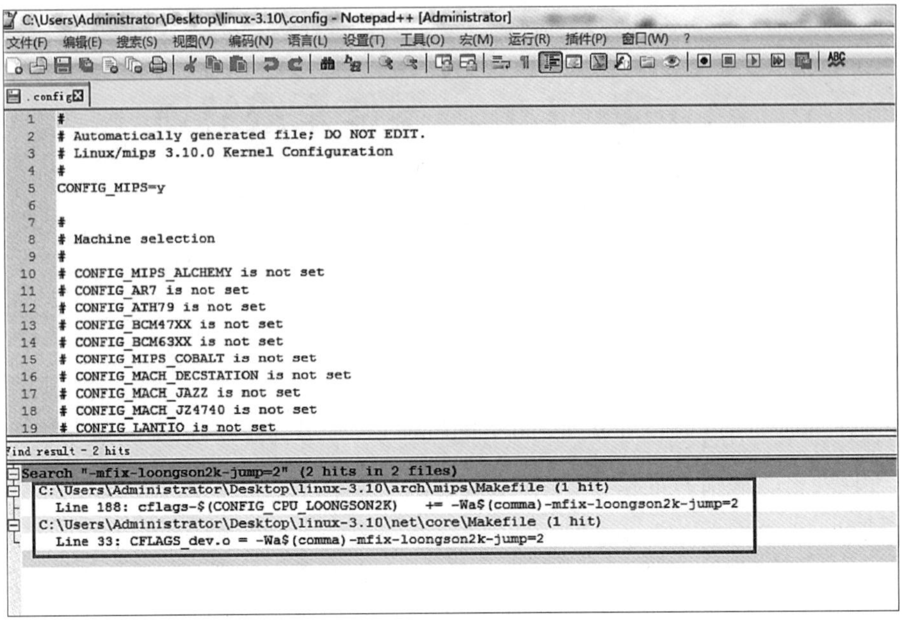

图 6.1 报错信息

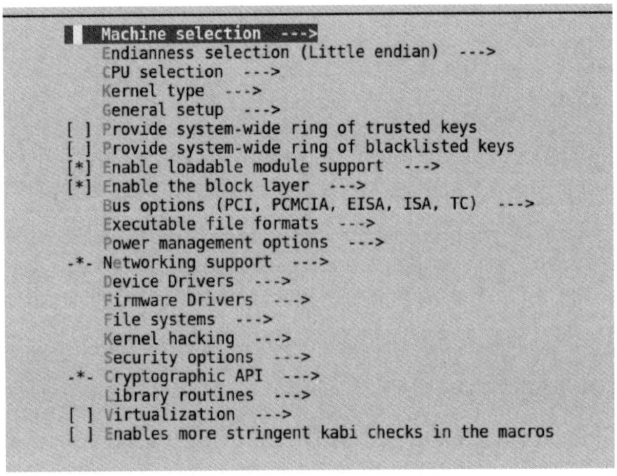

图 6.2 注意该项

对如下几项配置做出如图 6.3 所示相应选择,其他项保持不变。

配置完成,保存退出,如图 6.4 所示。

(11) 替换内核龙芯派出厂的内核,也就是 Fedora21 系统自带的内核,是一些默认配置,如果要在内核里加一些自己的驱动等,需要自己编译内核并把里面的内核替换掉。

① 需要编译两个内核文件,一个带 ramdisk 的内核镜像,一个不带 ramdisk 的内核镜像。

② 在 General setup→Initial RAM…,如图 6.5 所示,选择编译或者不编译带 ramdisk。

```
3  Device Drivers  --->
4       Graphics support  --->
5           Support for frame buffer devices  --->
6               Loongson Frame Buffer Support
7
8  Device Drivers  --->
9       SPI support  --->
10          <*>   Loongson SPI Controller Support
11
12
13 Device Drivers  --->
14      Graphics support  --->
15          <*> LOONGSON VGA DRM
16          [ ]   use platfrom device
```

图 6.3 具体的配置

图 6.4 选择 Yes 后退出

③ 注意,不带 ramdisk 的内核镜像是用于替换使用的。

图 6.5 选择编译或者不编译带 ramdisk

④ 保存退出，执行命令：

./mymake vmlinuz（开始编译带文件系统的内核）

同样把不带 ramdisk 的内核镜像也编译一遍，将 vmlinuz 复制到 U 盘中，用于替换内核。

⑤ 然后按 C 键进入 pmon 命令行下，执行下面的命令加载刚编译的内核：load /dev/fs/ext2@usb0/vmlinuz-fs（从 U 盘加载）或者使用 load tftp://192.168.1.249/vmlinuz-fs（从 tftp 服务器加载）。

⑥ 在内核命令行下插入 U 盘，将要替换的内核复制出来。执行命令：

mount /dev/sdb /mnt（假如 U 盘识别的是 sdb）
cp /mnt/vmlinuz /
umount /mnt

⑦ 开始挂载硬盘。

mount /dev/sda1 /mnt

查看/mnt/boot/boot.cfg 将/mnt 或者/mnt/boot/下的 vmlinuz 替换为 vmlnuz（这里最好将之前的 vmlinuz 保存一下）。

sync(数据同步写入磁盘)
umount /mnt

重启。

第 7 章 基于 FPGA N4 龙芯 CPU 软核 LS132R 的实时系统移植实现

7.1 引言

"计算机体系结构"是计算机相关专业的重要课程,涉及处理器、内存系统、总线、外围设备等多个概念。计算机体系结构模拟器可以模拟计算机系统的运行,除用于计算机结构研究和处理器设计外,也常被用于计算机体系结构相关课程的教学。另一种常用于相关课程教学研究的工具是软核处理器。与模拟器相比,通过 FPGA 逻辑和资源搭建的软核处理器与真实处理器更接近。John Kalomiros 等设计了 Robin 软核处理器用于学习 VHDL 和计算机架构。Sarah L. Harris 等在 FPGA 上移植 RISC-V 软核用于计算机架构的教学。博伊西州立大学曾使用 Nios II 软核用于微处理器和外围接口技术的教学。

龙芯 LS132R 是一款开源小巧的软核,主要面向低端微控制器。LS132R 软核采用 Verilog 语言编写,具备三级流水线和标准 32 位 AXI 总线,并采用小端存储方式。LS132R 软核结构清晰,代码简洁,拥有丰富的参考设计资料。基于上述优点,本书选择 LS132R 软核设计移植实验。实验分为 SoC 系统搭建、RT-Thread Nano 系统移植和系统性能测试三部分。本书设计的 SoC 系统具备一条总线、一个串口和 32 个 GPIO 口,满足基本的微控制器需求。RTOS 系统移植部分涉及系统启动的设计和部分系统移植相关函数的修改。通过估算运行数学模型所需时间来测试系统性能。本书设计的实验可以提升学生对计算机系统的理解。

7.2 基于龙芯 LS132R 软核的 SoC 设计

一个基础的片上系统应当包括处理器、存储器、总线以及输入输出设备。本书设计的 SoC 系统中,处理器为 LS132R 软核,总线为 AXI 总线,存储器由 64KB 的 flash 和 64KB 的 RAM 组成,输入输出设备包括 UART 和 GPIO。设计的 SoC 框架如图 7.1 所示。

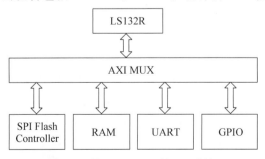

图 7.1 基于 LS132R 的 SoC 框架

从图 7.1 中可以看出，设计的 SoC 系统只具备一条总线，LS132R 软核对地址的读写信息会传递给 AXI MUX 模块，AXI MUX 模块根据地址将信息传递给对应的外围设备。为保证处理器能够正确访问外围设备，需要给存储器和外围设备分配地址。有关存储器和外围设备的地址对应关系如表 7.1 所示。

表 7.1　存储器和外围设备的地址对应关系

地 址 空 间	大　　小	外 设 模 块
0xBFC0_0000～0xBFC0_FFFF	64KB	SPI Flash
0xC000_0000～0xC000_FFFF	64KB	RAM
0xD000_0000～0xD000_7FFF	32KB	GPIO
0xD060_0000～0xD060_7FFF	32KB	UART

Nexys 4 DDR 开发板自带下载器，不仅可以用于烧写 FPGA 程序，也可以将数据烧入 Flash 中。在本书的 SoC 设计当中，flash 作为 ROM 用于存储通过下载器烧写的程序。LS132R 处理器的冷复位例外地址是 0xBFC0_0000，与 flash 的首地址对应。因此 SoC 系统复位后，将首先从 flash 中取值，从而正确引导程序的运行。构建 SoC 系统所需 IP 核大都来自龙芯中科和 Xilinx，flash 控制器自行设计。

7.2.1　Flash Controller 设计与实现

Flash Controller 模块不仅需要与 AXI MUX 模块进行数据交互，而且需要通过 SPI 从 flash 中读取数据。Flash Controller 在 SoC 系统的结构如图 7.2 所示。

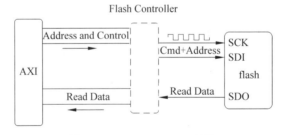

图 7.2　Flash Controller 结构

当系统需要读取 flash 中的数据时，会通过 AXI 主设备向 Flash Controller 模块发送读取信号。Flash Controller 模块接收到读地址后，向主设备发出 Arready 响应信号，并通过 SPI 与 Flash 通信，从中获取对应地址处的数据。当 Flash Controller 从 Flash 中获取的数据达到 32 位时，会断开 SPI 通信，将数据放在 AXI 总线上，并发出 Rvalid 信号通知主设备接收。AXI 主设备读取数据从而完成整个传输过程。

7.2.2 外设 IP 核的复用

AXI MUX 是一个 AXI 互联网络，可以用于一个 AXI 主设备和多个 AXI 从设备的连接。在本书中，处理器通过 AXI MUX 模块与多个从设备相连接。使用 AXI MUX 模块时，其通道需要与外围设备的地址对应。RAM 模块是由 Xilinx 的 AXI BRAM Controller 和 Block Memory Generator IP 核组成。AXI BRAM Controller 用于与 AXI 主设备通信，并且控制 RAM 的读写功能。Block Memory Generator 用于生成 64KB 大小的 RAM。RAM 会被用来存储运行中的程序和数据。Uart 模块由 Uartlite IP 核构成，可以与上位机进行交互，打印调试信息。GPIO 由 AXI GPIO IP 核生成，具备 32 个 IO 口，可以动态地将每个 IO 口配置成输入或者输出接口。

7.3 RT-Thread Nano 系统的移植

片上系统的正常运行需要有操作系统的支持，RT-Thread Nano 是一个简单开源的实时操作系统，具备线程管理、时钟管理、中断管理和内存管理功能。该实时系统占用的资源小，可以应用于家电、工控等微控制领域。要使得 RT-Thread Nano 实时系统能够正确地在本书设计的 SoC 上运行，需要正确引导实时操作系统的运行，并解决系统时钟设置、线程上下文切换和系统堆栈分配问题。

7.3.1 实时操作系统的启动

依据本书设计的 SoC，实时系统的相关代码会被编译放在 flash 当中，当按下系统的复位键后，LS132R 进入冷复位例外，从 flash 中取指令开始运行。LS132R 处理器只支持兼容中断模式，所有中断的入口地址相同，把不同类型的中断通过 Cause 特殊寄存器值区分。所以本文将中断入口函数存放在固定的地址。在本文的设计中，数据段和操作系统的代码需要从只读 ROM 区域搬运到可读写 RAM 区域。单独对 RTOS 系统的代码进行编译，并不能使系统正常启动，只有配合链接脚本和启动文件进行正确的链接才能完成系统的启动。链接过程如图 7.3 所示。

启动文件 Startup.s 包含引导程序和中断程序。链接脚本控制程序在地址空间中的布局。链接器根据链接脚本中设定的链接规则，将引导程序的首地址放在 0xBFC0_0000，中断程序的首地址放在 0xBFC0_0380。用户代码、数据段、堆栈的存储地址在 flash 中，但运行地址在 RAM 中。因此在启动过程中，引导程序会先找到系统代码、数据段在 flash 中的位置，并将相应的数据搬运到 RAM 中。在引导程序执行完毕后，程序跳转到操作系统的入口地址，进入操作系统的初始化过程。操作系统的初始化过程如图 7.4 所示。

首先，系统初始化硬件相关模块，包括系统时钟、串行端口和动态内存堆。其次，系统初始化定时器和调度器。然后系统初始化主线程和空闲线程。当所有的初始化工作完成

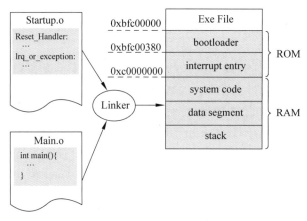

图 7.3 链接过程

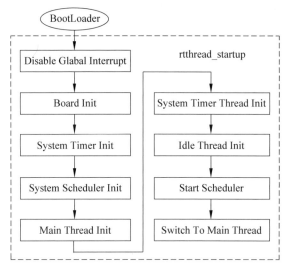

图 7.4 RT-Thread Nano 系统启动过程

后,系统会启动调度器并切换到主线程运行。

7.3.2 时钟节拍的实现

操作系统需要时钟节拍处理与时钟相关的事件,在 RT-Thread 系统中,线程时间片轮转、定时器、延时函数都需要使用到系统时钟节拍。系统时间节拍由硬件定时器实现。LS132R 的定时器中断与 Cause 寄存器的 TI 位相关,当 count 寄存器的值与 compare 寄存器的值相等时会触发定时器中断,重新写入 compare 寄存器的值能够清除定时器中断。实现时钟节拍的关键代码如下。

```
void os_clock_irq_handle(void)
{
```

```
    write_c0_count(0);
    write_c0_compare(CPU_HZ/2/RT_TICK_PER_SECOND);

    /* increase a OS tick */
    rt_tick_increase();
}
```

每当产生硬件定时器中断时，时钟节拍数加 1，并重新开始计时。rt_tick_increase() 函数会检测是否有达到时间片的事件需要处理，如果有，会跳转到相应的处理函数。

7.3.3 上下文切换

每个线程都有自己的堆栈，当进行线程间的切换时，需要将 CPU 中寄存器的数据保存在当前线程的堆栈中，并记录当前代码运行的位置。然后转移到目标线程栈中，将目标线程栈中的寄存器数据读入 CPU 中，并跳转到目标线程上次运行的位置继续运行。线程上下文切换如图 7.5 所示。

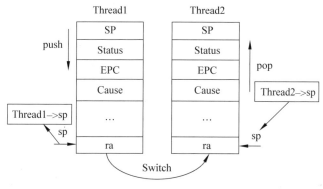

图 7.5 线程上下文切换

当调用 rt_hw_context_switch() 函数进行线程切换时，LS132R 处理器首先将子程序返回地址保存到 EPC 寄存器中，随后将必要的寄存器数据压入当前线程栈中，并保存当前线程的栈指针。当前线程的数据保存完毕后，取出目标线程的栈指针，并开始恢复目标线程的寄存器数据。最后通过 eret 指令跳转到目标线程上次执行的代码位置继续执行。

7.3.4 堆栈实现

RT-Thread Nano 系统需要有一个系统栈和内存堆，它们的位置和大小通过链接脚本确定。内存堆采用小内存管理算法，通过 rt_system_heap_init() 函数进行初始化。线程栈同样需要初始化，不同类型处理器的线程栈初始化会有所不同。龙芯 LS132R 中线程栈初始化如图 7.6 所示。

本书设计的线程栈初始化主要涉及部分寄存器值的修改。SP 寄存器存放栈顶指针，

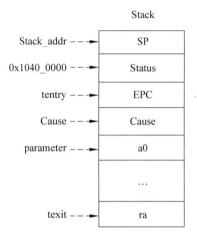

图 7.6 线程栈初始化

EPC 寄存器存放线程入口函数地址，a0 寄存器存放入口函数的参数地址，ra 寄存器保存线程退出函数地址。Status 寄存器设置与中断函数地址配置相关，Cause 寄存器保持原值。线程创建时，会通过线程栈的数据完成运行环境的初始化。

7.3.5 Uart 实现

Uart 的打印功能可用于定位代码错误和检查系统的运行状态，帮助解决系统移植过程中遇到的困难。UartLite IP 核创建的 Uart 模块有一个默认配置，不能修改[9]。在串口初始化阶段，只需要开启串口中断和清除缓冲区数据。系统打印功能由调用串口驱动输出字符串信息的 rt_hw_console_output() 函数实现。rt_hw_console_output() 函数的代码如下。

```
void rt_hw_console_output(const char * str)
{
    rt_size_t i = 0, size = 0;
    size = rt_strlen(str);
    for(i = 0; i < size; i++)
    {
        if( * (str + i) = = '\n')
        {
            uart_send_ch('\r');
        }
        uart_send_ch( * (str+i));
    }
    unsigned int * uart_status_addr = UART_STATUS_ADDR;
    while((( * uart_status_addr) &(0x4))!= 0);
}
```

7.4 SoC 系统测试与性能分析

基于 LS132R 软核的 SoC 系统将被移植于 Nexys 4 DDR 开发板，通过运行 RT-Thread Nano 系统来验证 SoC 设计的正确性。测试信息将通过串口传输给上位机。测试平台如图 7.7 所示。

图 7.7 SoC 测试平台

RT-Thread Nano 系统将通过下载器烧写入 flash 当中，按下系统复位键后，操作系统启动过程打印的信息如图 7.8 所示。

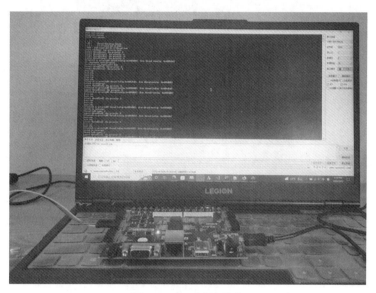

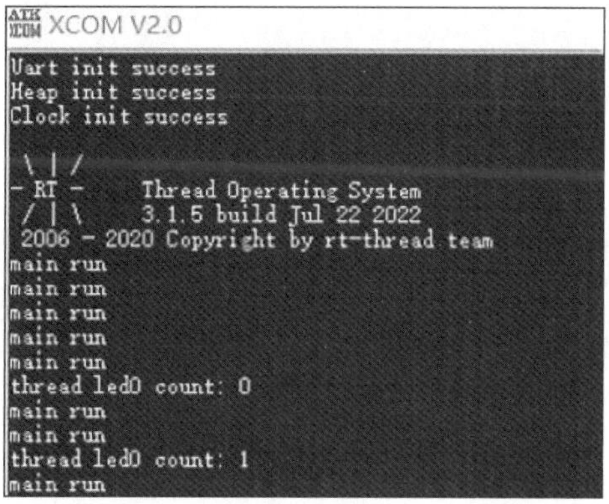

图 7.8 RT-Thread Nano 正常启动

从图 7.8 中可以看出，操作系统的启动信息被正常打印出来，并且正常创建 LED 线程，LED 线程与 main 线程交替执行。这说明 SoC 设计正确，并且能成功移植 RT-Thread Nano 系统。

为测试 SoC 的实际性能，本书采用参考文献[6]中的数学模型进行性能测试。该数学模型包含加减乘除和移位运算。因为 LS132R 处理器并没有性能计数器，本书通过反汇编文件估算运行测试程序所需的指令数。测试程序的运行时间通过比较测试程序运行前后的 count 寄存器值获得。测试的结果如图 7.9 所示。

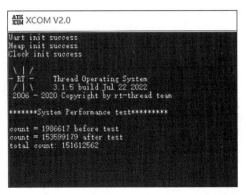

图 7.9 测试程序运行前后的 Count 寄存器值

从图 7.9 可知，测试程序总共运行了 151 612 562 个周期。因为系统的时钟频率为 20MHz，故总运行时间为约 7.58s。测试程序的指令数约 2634 条，测试程序共运行 5000 次，故整个测试过程运行的总指令数为 13 170 000 条。通过计算可以求出系统每秒执行约 1.74mips 指令数。可以看出，整个 SoC 系统的执行速度有待提高，其主要原因是系统没有使用 Cache，每次取指令都需要经过总线从 RAM 获取。

第 8 章 RISC-V 指令集计算机系统设计实现

8.1 实验目标

本实验是一个综合实验,是对计算机专业知识的创新性综合利用,其目标是:在 Nexys 4 DDR Artix-7 FPGA 硬件平台上实现 RISC-V 集指令多级流水线 CPU 及运行 Linux 操作系统,设计实现 RISC-V 指令集的计算机系统。

开展基于 Nexys 4 DDR Artix-7 FPGA 硬件平台构建 RISC-V 计算机原型系统的探索实践,包括 RISC-V 的 CPU 二进制流、引导程序、嵌入式 Linux 操作系统和应用软件的开发与移植,涵盖系统开发与视窗界面应用软件和文件系统等,使用编译器,编译和移植能在 RISC 指令系统的静态流水线 CPU 或动态流水线 CPU 上运行的操作系统和应用程序。系统架构如图 8.1 所示,采用自顶向下的层次模块化设计方法,所有的目标文件都存储在 TF 存储卡上,利用三级存储,上电后自主运行成为一个通用计算机,过程如图 8.2 所示。

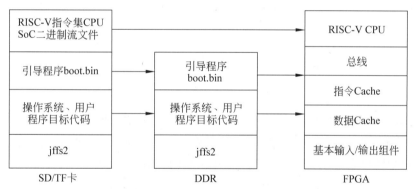

图 8.1 基于 Artix-7 FPGA 硬件平台构建计算机系统原型的体系架构

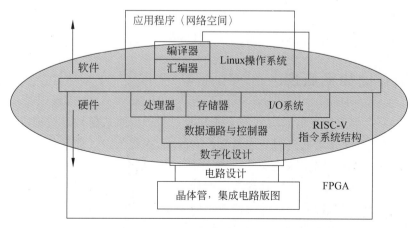

图 8.2 RISC-V 指令系统的层次结构

实验过程及要求包括以下三个主要环节。

(1) 练习使用 Verilog 语言进行硬件器件编程；熟练使用 Modelsim、Vivado 进行 RISC-V 指令系统流水线 CPU 硬件描述程序的编译，前仿真，后仿真，综合和下板调试；熟练使用 gcc 软件进行 CPU 测试程序的跨平台编译。RISC-V 指令系统流水线 CPU 由 Core 核、DDR2 存储控制器、接口中断控制器、时钟分频器等部件单元组成，Core 核包括寄存器组、运算器 ALU、乘法器、除法器、浮点处理器、分支预测器等部件，以及第一级的片内 Cache。RISC-V 指令系统流水线 CPU 架构如图 8.3 所示。

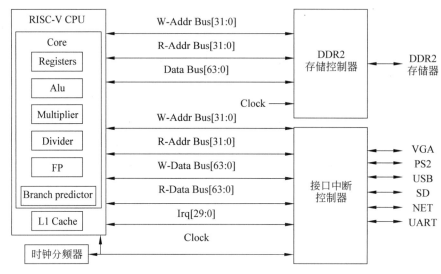

图 8.3 RISC-V 指令系统流水线 CPU 架构

(2) 安装部署虚拟机 VMware 与 Ubuntu 环境，利用 RISC-V 指令集编译器交叉编译引导程序 Bootloader、嵌入式操作系统和视窗与应用程序，构建运行在 Nexys 4 DDR Artix-7 FPGA 的开发板上的引导程序、操作系统内核映像、文件系统。

(3) 引导程序 Bootloader 在 FPGA 片内 Cache、DDR、SD 卡三级存储系统上实现目标程序的引导、帮运与运行。上电之前，RISC-V 指令系统的流水线 CPU 二进制流文件、Bootloader 的二进制文件、OS 内核映像、应用程序二进制文件都存储在 SD 卡中。上电后，引导程序引导，使系统自主运行，实现一个计算机系统。

8.2 三级存储体系原理

虚拟存储器存储空间的管理方式有页式和段式两种。页式管理方式把空间划分成大小相同的块；段式管理方式把空间分成可变长度的块，或称为段。前者是机械划分存储空间，后者结合程序的逻辑语义进行划分。这两种方式，对 CPU 的访存数据没有影响，不同之处在于寻址方式的差异，页式管理方式存储器的地址单一，地址字长度固定，由页号和业内位移组成；段式管理方式存储器的地址由两个字构成，一个是段号，一个是段内位移，原因是段的长度是变化的。

现代计算机系统充分吸收了两种方式的优点，采用段页式管理方式来管理存储空间，把一个段分成若干个页面，使虚拟存储器既具备段的逻辑单位属性，又通过以页面为单位调入主存储器，简化了虚拟地址和物理地址的转换。

虚拟存储器中的数据访存同 Cache、主存储器中的数据访存一样存在如何映像、如何查找、如何替换、如何写入 4 个问题。计算机进行虚拟存储的访问，主要考虑低失效率这个指标，原因是对虚拟存储器访问的失效，会引起多级的连锁反应，失效开销巨大，操作系统采用全相连映像规则，允许数据块可存放在主存的任何位置。

页式管理和段式管理分别需要页表和段表的数据结构，以页号和段号作为索引，并包含待查找块的物理地址。由段内位移加上段的物理地址就构成段的最终物理地址，形成段式管理的寻址方法；而将页内位移与对应的页面物理地址拼接就构成页的最终物理地址，形成页式管理的寻址方法。

RISC-V 指令系统流水线 CPU 对存储系统的管理采用三级结构，如图 8.4(a) 所示，分别是片内 L1 Cache、DDR 主存、SD/TF 卡虚拟存储器。在高一级存储器（近 CPU 端）和低一级存储器（离 CPU 远）之间的存储单元相互映射时，使用两级页表进行管理，SD/TF 卡虚拟存储器自身采用段页式管理。RISC-V 指令系统流水线 CPU 进行地址转换和保护 SATP(Supervisor Address Translation and Protection)监管的 S 模式控制状态寄存器控制了分页系统，它有三个域：MODE 域启动分页与页表级数定义；地址空间标识符(Address Space Identifier, ASID)是可选方式，用来降低上下文切换的开销；PPN 字段保存了根页表的物理地址，以 4KB 的页面大小为单位进行页面管理。通常情况下，M 模式的程序在第一次进入 S 模式之前，先把零写入 satp 以禁用分页，然后 S 模式的程序在初始化页表以后还将再次进行 satp 寄存器的写操作。

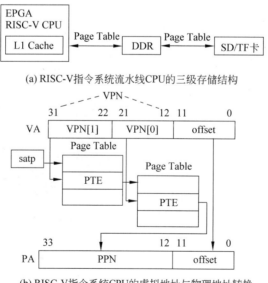

(a) RISC-V 指令系统流水线 CPU 的三级存储结构

(b) RISC-V 指令系统 CPU 的虚拟地址与物理地址转换

图 8.4 RISC-V 指令系统 CPU 的三级存储与地址转换过程

当在 satp 寄存器中启用了分页时，S 模式和 U 模式中的虚拟地址会以从根部遍历页表的方式转换为物理地址。如图 8.4 所示,地址转换过程描述如下。

(1) satp.PPN 给出了一级页表的基址,VA[31:22] 给出了一级页号,因此处理器会读取位于地址 (satp.PPN×4096+VA[31:22]×4) 的页表项。

(2) 该 PTE 包含二级页表的基址,VA[21:12] 给出了二级页号,因此处理器读取位于地址 (PTE.PPN×4096+VA[21:12]×4) 的叶结点页表项。

(3) 叶结点页表项的 PPN 字段和页内偏移(原始虚址的最低 12 个有效位)组成了最终结果,物理地址就是 (LeafPTE.PPN×4096+VA[11:0])。

具体方案是:系统上电之前,所有的 CPU 二进制流文件、Bootloader 的二进制文件、OS 内核映像、应用程序二进制文件都存储在 SD 卡中。上电后,引导程序执行引导,引导程序指令,实现 SD 卡→DDR→Cache 三级存储器之间的数据搬运迁移,使系统自主运行,实现架构如图 8.5 所示的一个计算机原型系统。RISC-V 指令集多级流水线 CPU 处理器是计算机系统的硬件层的核心,硬件层由微处理器、外围电路以及外设构成。处于硬件层以及软件层之间的是中间层。中间层将系统软件部分与底层硬件部分进行隔离,让底层设备驱动程序同硬件无关,能进行硬件设备初始化、配置和数据的输入及输出。软件层主要是操作系统,有的还包括图形用户接口等,操作系统的引入丰富了嵌入式系统的功能,也给应用软件的设计带来了便利。功能层由应用程序构成,主要用于控制对象。计算机系统的用户空间部分由必要的命令以及基本的人机界面构成,用户空间有一个虚拟的硬件平台,由内核空间提供,同时透明地支持多任务,统一对资源进行访问。嵌入式操作系统同驱动程序间采用标准交互接口,不管是字符、网络还是块设备,它们的驱动程序都采用相同的接口。这样,操作系统内核能够用相同的方法来使用完全不同的设备。通过该实验,在 Nexys 4 DDR Artix-7 FPGA 硬件平台实现 RISC-V 集指令多级流水线 CPU 及运行 Linux 操作系统,构建运行效果如图 8.6 所示的通用计算机原型系统,键盘和 VGA 是输入/输出外围设备之一。

图 8.5 计算机系统架构

图 8.6 RISC-V 指令架构和 Linux 操作系统的计算机原型系统

8.3 实验过程与方法

8.3.1 准备工作

1. 系统环境部署

安装 Ubuntu 18.04 LTS，保证安装使用 Vivado 的兼容性。

使用 VMware 系列虚拟机安装虚拟化操作系统部署实验环境时，应注意如下几个问题。

（1）给虚拟机尽可能分配大内存和大硬盘（尤其是硬盘，分配至少 100GB，且不要勾选预先分配全部空间）。

（2）安装 Ubuntu Desktop 时选择最小安装（Minimal），其他的软件和应用等对于编译工作都是占宝贵空间的无用数据。

（3）安装时选择英文系统。

（4）VMware 默认安装的是完整版安装，浪费空间，并且会使用默认的 Ubuntu 官方源（速度缓慢）。先不要指定 ISO 文件，而是仅创建系统，再手动连接上 ISO 文件后手动一步步安装。这样安装之后的虚拟机暂时可能没有 VMware Tools，但是可以通过在终端输入"sudo apt install open-vm-tools-desktop"来安装。

（5）将虚拟机的 USB 兼容设置改成 USB 3.1。

2. 安装 Vivado 2018.2

（1）使用代码来源的 makefile 里面写的是 2018.2，为了避免出现异常，本书使用了确认兼容的版本。

（2）别的版本可能会出现安装时候卡住的问题，2018.2 和 Ubuntu 18 LTS 的兼容度最好。

8.3.2 安装必要软件包

以下是需要安装的软件包。

```
sudo apt install autoconf automake autotools-dev curl \
libmpc-dev libmpfr-dev libgmp-dev gawk build-essential bison \
flex texinfo gperf libncurses5-dev libusb-1.0-0-dev libboost-dev \
swig git libtool libreadline-dev libelf-dev python-dev \
microcom chrpath gawk texinfo nfs-kernel-server xinetd pseudo \
libusb-1.0-0-dev hugo device-tree-compiler zlib1g-dev libssl-dev \
debootstrap debian-ports-archive-keyring qemu-user-static iverilog \
openjdk-8-jdk-headless iperf3 libglib2.0-dev libpixman-1-dev libxml2-dev \
```

btrfs-progs

通过上述指令完成软件包安装配置,软件包的功能如表 8.1 所示。

表 8.1 软件包安装配置

autoconf	autoconf 是一个为了生成可以自动配置的源代码包而设计的工具
automake	automake 是一个从文件 Makefile.am 中自动生成 Makefile.in 文件的工具
autotools-dev	更新 config.{guess,sub} 文件的基础结构
curl	一个通过 URL 传输数据的命令行工具和库
libmpc-dev	多精度复数浮点库开发包,是一个用 C 语言编写的可移植库,用于复数的任意精度运算,提供正确的四舍五入
libmpfr-dev	多精度浮点运算开发工具,提供了一个可进行正确舍入的多精度浮点运算库。该计算既高效,又具有定义明确的语义
libgmp-dev	多精度算术库开发工具,该开发包提供头文件和符号链接,以便编译和链接使用 libgmp10 包中提供的库的程序。该软件包同时提供 C 和 C++ 绑定。要使用 C++ 绑定,需要使用 libstdc++-dev 包,过去曾包含 MPFR 库(多精度浮点),但后来已移至 libmpfr-dev 包
gawk	一个可以用来选择文件中的特定记录并对其执行操作的程序。gawk 是 GNU 项目对 AWK 编程语言的实现
build-essential	build-essentials 软件包是编译软件所必需的元软件包。它们包含 GNU/g++ 编译器集合、GNU 调试器以及其他一些编译程序所需的库和工具
bison	一款通用的语法分析生成器,它能将上下文自由语法的语法描述转换为解析该语法的 C 语言程序
flex	快速词法分析生成器:是一款生成扫描器的工具,用于识别文本中词汇模式的程序
texinfo	一种文档系统,它用一个源文件可以同时生成联机信息和打印输出格式
libncurses5-dev	ncurses 库例程是一种独立于终端的更新字符屏幕的方法,并进行了合理的优化
libusb-1.0-0-dev	用户空间 USB 编程库开发文件,无须掌握 Linux 内核内部知识即可对 USB 应用程序进行编程的库
libboost-dev	Boost 网站提供免费的、经同行评审的、可移植的 C++ 源代码库
swig	一种编译器,可轻松将 C 和 C++ 代码与其他语言集成,包括 Perl、Tcl、Ruby、Python、Java、Guile、Mzscheme、Chicken、OCaml、Pike 和 C#
git	一种分布式源代码管理工具。每个 git 工作目录都带有完整的仓库,携带完整的历史版本信息,而不依赖网络操作和中央服务器
libtool	GNU libtool 是一种软件开发工具,是 GNU 构建系统的一部分,旨在解决从源代码编译共享库时的软件可移植性问题。它为编译共享库的命令隐藏了不同计算平台之间的差异

续表

libreadline-dev	readline 库有助于使需要提供命令行界面的离散程序的用户界面保持一致
libelf-dev	libelf 提供了一个共享库,允许在高层读写 ELF 文件
python-dev	用于构建 python 模块、扩展 python 解释器或在应用程序中嵌入 python 的头文件、静态库和开发工具
microcom	一款简约的终端程序,用于通过串行连接访问设备(如交换机)
chrpath	chrpath 可用于修改应用程序中的 rpath(即应用程序应到哪里寻找软件库的路径)
nfs-kernel-server	nfs server 是目前推荐在 Linux 下使用的 NFS 服务器,具有 NFSv3 和 NFSv4、通过 GSS 支持 Kerberos 等功能
xinetd	xinetd 具有访问控制机制、广泛的日志记录功能、根据时间提供服务的功能,以及对可启动服务器数量的限制等
pseudo	伪实用程序 pseudo 提供了一种在虚拟 root 环境中运行命令的方法,允许普通用户运行命令,从而产生创建设备节点、更改文件所有权以及执行创建分发包或文件系统所需的其他操作的错觉
hugo	一个用 Go 编写的静态网站生成器,针对速度、易用性和可配置性进行了优化。Hugo 可将包含内容和模板的目录渲染成一个完整的 HTML 网站
device-tree-compiler	设备树编译器(Device Tree Compiler,dtc)输入特定格式的设备树,输出另一种格式的设备树,用于启动嵌入式系统的内核
zlib1g-dev	zlib 是实现 deflate 压缩算法的一个库,该算法是 gzip 和 PKZIP 的基础
libssl-dev	该软件包是 OpenSSL 项目实现用于互联网安全通信的 SSL 和 TLS 加密协议的一部分。它包含 libssl 和 libcrypto 的开发库、头文件和手册
debootstrap	debootstrap 用于从零开始创建一个 Debian 基本系统,且不需要使用 dpkg 或 apt。它从镜像站点中下载.deb 文件,小心地将其解压缩并放入最终用于 chroot 的指定目录中
debian-ports-archive-keyring	debian-ports 压缩包对其 Release 文件进行数字签名。此软件包包含用于此目的的存档密钥
qemu-user-static	QEMU 是一款快速处理器仿真器,该软件包提供静态构建的用户模式仿真二进制文件
iverilog	Icarus Verilog 编译器,旨在编译 IEEE-1364 标准中描述的所有 Verilog HDL
openjdk-8-jdk-headless	OpenJDK 是使用 Java 编程语言构建应用程序、小程序和组件的开发环境。这个二进制包几乎包含了完整的 JDK,除了一些工具(appletviewer、jconsole)和头文件(jawt),它们只在图形用户界面环境中有用

iperf3	Iperf3(Internet Protocol bandwidth measuring tool)是互联网协议带宽测量工具,用于测量网络吞吐量。它可以测试 TCP 或 UDP 吞吐量
libglib2.0-dev	GLib 是一个库,包含许多有用的 C 语言例程,如树、哈希值、列表和字符串。编译 libglib2.0-0 程序时需要使用此软件包,因为只有它包含了编译所需的头文件和静态库(可选)
libpixman-1-dev	pixman(pixel-manipulation library for X and cairo (development files))用于 X 和开罗的像素操作库(开发文件)。这些开发库、头文件和文档可满足希望在 X 和 cairo 上运行的程序的需要
libxml2-dev	XML 是一种分析语言,要使用 GNOME XML 库开发自己的程序,就需要安装此软件包
btrfs-progs	Btrfs 是 Linux 下一种新的写入复制文件系统,旨在实现高级功能,同时注重容错、修复和简易管理。该软件包包含用于处理 btrfs 的实用程序(mkfs、fsck),以及用于将 ext3 文件系统转换为 btrfs 文件系统的实用程序(btrfs-convert)

8.3.3 源码

本次实验使用开源 RISC-V 处理器(Rocket Chip)ariane-v0.7 的 IP 核,为了更好地适配 Artix-7 FPGA N4 板的硬件资源,对源码进行修改调整,利用 Vivado 进行仿真、编译、综合,生成.bit 流文件,并存放在 TF 卡中,待电路板上电,自动把.bit 流文件导入 FPGA 片中,运行启动成为 CPU 处理器,从而达到构建完整功能 SoC 的目的。

8.3.4 准备环境变量

进入下载的源码目录,可以看到如图 8.7 所示的文件结构。

使用 source set_env.sh 指令,把设置环境变量相关参数确定在当前目录,方便后续构建工作的进行。

8.3.5 修正源码的错误

(1) /Makefile 中第 58、61 行,将"|&"换成"2>&1 |"(Bash 版本不够新,不支持这种写法)。

(2) /Makefile 中第 58、61 行,删除 BOARD_NAME 一段(因为 Nexys 4 DDR 开发板是 Digilent 的,Vivado 默认不带支持库,指定板子型号会导致前面的 port 型号定义失效,所以予以删除)。

(3) fpga/Makefile 中第 65 行,把 xc7a100t-csg324-1 的 t 和 csg 之间的减号删除(这个应该是开发团队失误,整体是 xc7a100tcsg324-1;后面的 BOARD_NAME 那一段删了

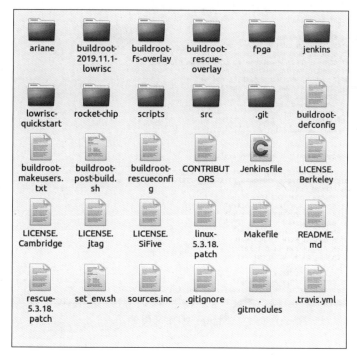

图 8.7　项目文件结构

（同样是开发板支持库问题）。

（4）fpga/src/etherboot/Makefile 中第 41 行,将 echo -e 的 -e 删了（参数问题,可能是开发失误）。

（5）fpga/xilinx/xlnx_mig_7_ddr_nexys4_ddr/tcl/run.tcl 中第 2、7 行注释掉（同样是开发板支持库问题）。

（6）fpga/scripts/prologue.tcl 中第 18 行注释掉（同样是开发板支持库问题）。

8.3.6　自定义配置

buildroot-2019.11.1-lowrisc/mainfs/.config 文件为主系统配置,如图 8.8 所示。

第 344 行：主机 Hostname。

第 345 行：开始提示信息。

第 362 行：默认 root 密码。

8.3.7　构建工作

在图 8.7 所示的目录下,运行 make nexys4_ddr_rocket_new 指令。

会自动编译所有需要的内容,需要比较长的时间和巨大的磁盘空间。如果网络不稳定,很有可能在编译过程中因为网络波动造成意外中断,因而应当确保相对稳定的互联网

```
#
# System configuration
#
BR2_ROOTFS_SKELETON_DEFAULT=y
# BR2_ROOTFS_SKELETON_CUSTOM is not set
BR2_TARGET_GENERIC_HOSTNAME="HDLxEnv"
BR2_TARGET_GENERIC_ISSUE="Welcome to LCY's FPGA RISC-V"
BR2_TARGET_GENERIC_PASSWD_SHA256=y
# BR2_TARGET_GENERIC_PASSWD_SHA512 is not set
BR2_TARGET_GENERIC_PASSWD_METHOD="sha-256"
# BR2_INIT_BUSYBOX is not set
# BR2_INIT_SYSV is not set
# BR2_INIT_OPENRC is not set
BR2_INIT_SYSTEMD=y
# BR2_INIT_NONE is not set

#
# /dev management using udev (from systemd)
#
BR2_ROOTFS_DEVICE_TABLE="system/device_table.txt"
# BR2_ROOTFS_DEVICE_TABLE_SUPPORTS_EXTENDED_ATTRIBUTES is not set
BR2_ROOTFS_MERGED_USR=y
BR2_TARGET_ENABLE_ROOT_LOGIN=y
BR2_TARGET_GENERIC_ROOT_PASSWD="hilcy"
# BR2_SYSTEM_BIN_SH_BUSYBOX is not set
BR2_SYSTEM_BIN_SH_BASH=y
# BR2_SYSTEM_BIN_SH_DASH is not set
# BR2_SYSTEM_BIN_SH_MKSH is not set
# BR2_SYSTEM_BIN_SH_ZSH is not set
# BR2_SYSTEM_BIN_SH_NONE is not set
BR2_SYSTEM_BIN_SH="bash"
BR2_TARGET_GENERIC_GETTY=y
BR2_TARGET_GENERIC_GETTY_PORT="tty1"
# BR2_TARGET_GENERIC_GETTY_BAUDRATE_KEEP is not set
```

图 8.8　自定义配置

连接环境。如果存在问题导致异常退出，可以通过停止时的报错日志，检查是因为何处的问题导致的。

系统编译工作完成后，可以在以下的目录分别收获两份系统。

（1）buildroot-2019.11.1-lowrisc/rescuefs/images/bbl：boot 引导启动文件（为方便使用，需要将其改名为 boot.bin）。

（2）buildroot-2019.11.1-lowrisc/mainfs/images/rootfs.tar：嵌入式 Linux 的文件系统。

如图 8.9 所示，从上至下依次为引导启动文件和嵌入式 Linux 操作系统文件。

图 8.9　编译完成的系统

该部分编译完成后，可开始着手构建最核心的 RISC-V 处理器项目。启动 Vivado 2018.2，新建项目，选择 Default Part 为 Nexys 4 DDR 搭载的 xc7a100tcsg324-1，以便生成正确的二进制流文件，如图 8.10 所示。

打开构建的 IP 核。为方便起见，此处采用 TCL 命令行操作，如图 8.11 所示。根据目录位置调整对应的文件地址，在 Vivado 的 Tcl Console 中输入以下内容（请注意由于格式导致的中断，此处只有每个 read_ip 前才应有换行）。

read_ip/home/nya/Desktop/lowrisc-chip-ariane-v0.7/fpga/xilinx/xlnx_mig_7_ddr_nexys4_ddr/nexys4_ddr/ip/xlnx_mig_7_ddr_nexys4_ddr.xci

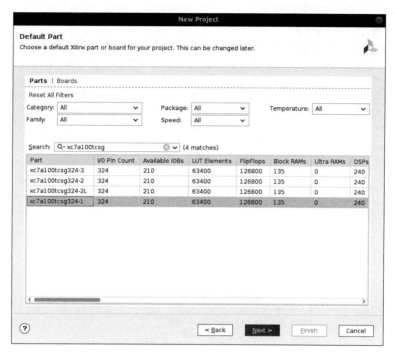

图 8.10 选择 Default Part

read_ip/home/nya/Desktop/lowrisc-chip-ariane-v0.7/fpga/xilinx/xlnx_axi_clock_converter/nexys4_ddr/ip/xlnx_axi_clock_converter.xci
read_ip/home/nya/Desktop/lowrisc-chip-ariane-v0.7/fpga/xilinx/xlnx_axi_dwidth_converter/nexys4_ddr/ip/xlnx_axi_dwidth_converter.xci
read_ip/home/nya/Desktop/lowrisc-chip-ariane-v0.7/fpga/xilinx/xlnx_axi_gpio/nexys4_ddr/ip/xlnx_axi_gpio.xci
read_ip/home/nya/Desktop/lowrisc-chip-ariane-v0.7/fpga/xilinx/xlnx_axi_quad_spi/nexys4_ddr/ip/xlnx_axi_quad_spi.xci
read_ip/home/nya/Desktop/lowrisc-chip-ariane-v0.7/fpga/xilinx/xlnx_clk_nexys4_ddr/nexys4_ddr/ip/xlnx_clk_nexys4_ddr.xci
read_ip/home/nya/Desktop/lowrisc-chip-ariane-v0.7/fpga/xilinx/xlnx_clk_sd/nexys4_ddr/ip/xlnx_clk_sd.xci
read_ip/home/nya/Desktop/lowrisc-chip-ariane-v0.7/fpga/xilinx/xlnx_char_fifo/nexys4_ddr/ip/xlnx_char_fifo.xci
read_ip/home/nya/Desktop/lowrisc-chip-ariane-v0.7/fpga/xilinx/xlnx_ila_4/nexys4_ddr/ip/xlnx_ila_4.xci
read_ip/home/nya/Desktop/lowrisc-chip-ariane-v0.7/fpga/xilinx/xlnx_ila_qspi/nexys4_ddr/ip/xlnx_ila_qspi.xci
read_ip/home/nya/Desktop/lowrisc-chip-ariane-v0.7/fpga/xilinx/xlnx_ila_perf/nexys4_ddr/ip/xlnx_ila_perf.xci

稍加等待，即可在项目结构中看到加载的 IP 核，如图 8.12 所示。

然后是添加项目源码。为方便起见，如图 8.13 所示，可以直接使用 Vivado 的 Run

图 8.11 Tcl Console

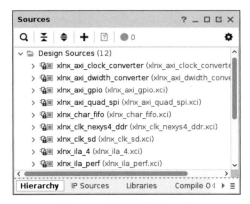

图 8.12 添加完成的 IP 核

Tcl Script 功能，运行 fpga/scripts 目录下的 add_sources.tcl 文件，如图 8.14 和图 8.15 所示。

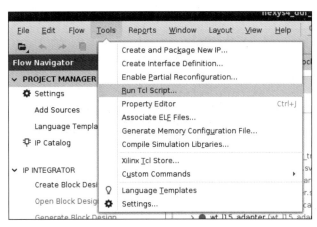

图 8.13 Run Tcl Script 功能

图 8.14 fpga/scripts 目录下的 add_sources.tcl 文件

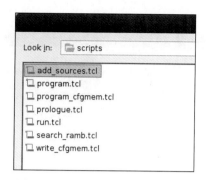

图 8.15　运行 add_sources.tcl 文件

系统会自动添加所需要的源文件，组成项目。

但还不够，现在的系统缺少关键定义参数，因而需要再引入一个定义头文件。如图 8.16 所示，继续使用 Tcl Console，输入以下命令。

```
read_verilog -sv /home/nya/Desktop/lowrisc-chip-ariane-v0.7/fpga/src/nexys4
_ddr_rocket.svh
```

图 8.16　添加定义头文件

在属性窗口中，为该定义头文件勾选 Global include（全局引用）复选框，如图 8.17 所示。

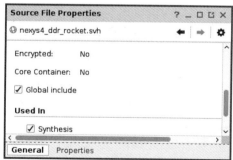

图 8.17　为定义头文件开启全局引用

稍等片刻，项目结构会更新，新的 rocket_xilinx 模块会可用，这是该项目的顶层模块。在项目设置中将它设置为顶层模块,如图 8.18 所示,项目设置为 Verilog 程序。

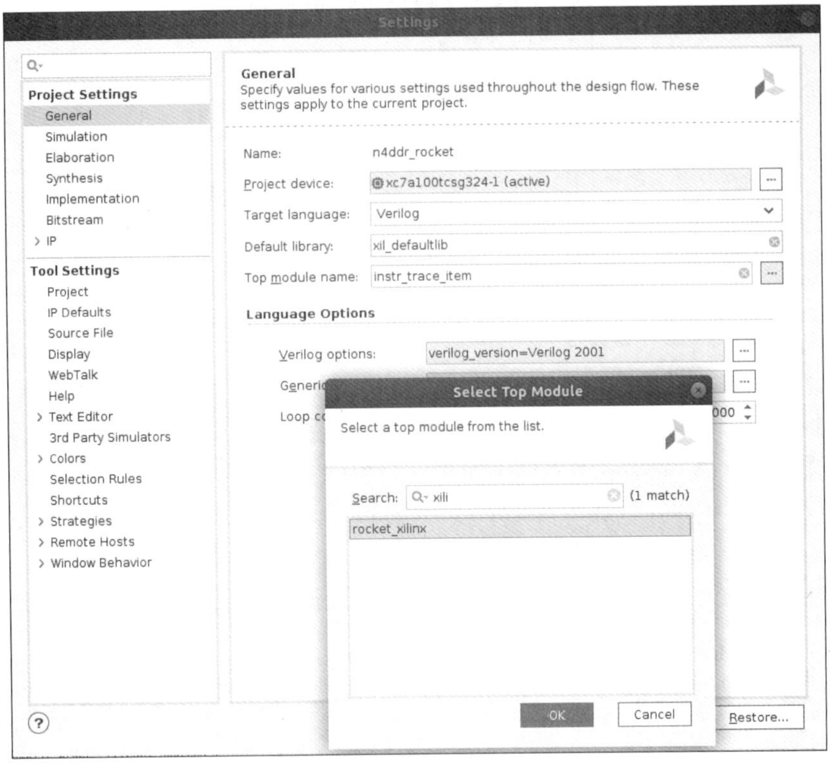

图 8.18 顶层模块 rocket_xilinx

为正确生成 bitstream 流,还需要添加管脚约束文件。由于使用的是 Nexys 4 DDR 开发板,因而添加 fpga/constraints 目录下的 nexys4_ddr.xdc 作为项目约束文件,如图 8.19 所示。

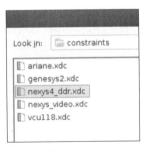

图 8.19 添加约束文件 nexys4_ddr.xdc

此时项目的结构已经构建完成,可以在 Sources 窗口内看到项目详细的结构信息,如图 8.20 所示。

此时可以使用 Vivado 进行综合、实现、生成二进制流的操作,这个环节的操作过程略。二进制流生成文件如图 8.21 所示。

如需将二进制流烧写在板载 Flash 存储器上,还可以生成 Memory Configuration

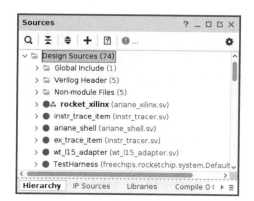

图 8.20 项目结构

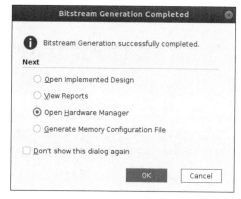

图 8.21 生成二进制流

File。

完成后可在项目(例如名为 n4ddr_rocket)的 n4ddr_rocket.runs/impl_1 下收集到生成的 bitstream 文件 rocket_xilinx.bit,如图 8.22 所示。

图 8.22 生成的二进制流文件

8.3.8 格式化 TF 卡

推荐使用容量较大的存储卡(例如可以使用 64GB 存储卡),以避免空间不足引起的写入失败问题。这一步会将卡上的已有数据彻底毁去。

运行以下指令,用来格式化存储卡。

```
cd $TOP/lowrisc-quickstart/
make umount USB=sdb
```

```
make mkfs USB=sdb
```

构建的分区如图 8.23 所示,注意调整 VMware 中虚拟机设置的 USB 的兼容,例如,调整为 USB 3.1。这一步操作之后在文件管理器上就能看见三个分区:最大的是剩余所有磁盘空间;34MB 的是引导启动分区;4.3GB 的是系统分区。另外一个看不到的是 Linux SWAP 分区。

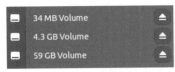

图 8.23　格式化完成的 TF 卡

将存储卡退出再接入,使用 lsblk 查看可以发现需要的分区全都自动挂载上后,就可以开始复制文件。

8.3.9　写入 bitsream 文件、引导启动文件和嵌入式 Linux 系统文件

将"$TOP/buildroot-2019.11.1-lowrisc/rescuefs/images/bbl"文件复制到 34MB 的启动分区中,并重命名为 boot.bin。可能在第(7)步最后收集文件时已经完成了重命名。

将"$TOP/fpga/work-fpga/nexys4_ddr_rocket/rocket_xilinx.new.bit"文件同样复制到 34MB 的启动分区中(可以重命名,例如可以是 rocket.bit,保证以.bit 作为后缀且是该分区下唯一的.bit 文件,并且文件名不要太长。开发板会自动读取第一个 FAT32 分区下的 bitstream 文件,使 FPGA 成为一颗完整的 RISC-V SoC),如图 8.24 所示。

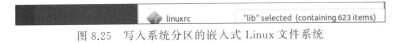

图 8.24　写入引导分区的 bitstream 文件和引导启动文件

如图 8.25 所示,将主系统解压写入。将"$TOP/buildroot-2019.11.1-lowrisc/mainfs/images/rootfs.tar"用以下的指令解压到存储卡中。

```
sudo tar -xvf $TOP/buildroot-2019.11.1-lowrisc/mainfs/images/rootfs.tar -C /
media/nya/映射的 4G 分区/
```

图 8.25　写入系统分区的嵌入式 Linux 文件系统

如果有涉及提示空间不足,可以检查一下回收站。在存储卡中推荐使用按 Shift+Delete 组合键来删除文件,而不是简单地按 Delete 键(会被送到回收站,其实并没有真正删除)。等待缓存全部写入完成,退出存储卡。

8.3.10　引导启动开发板

将存储卡插入开发板的存储卡插槽中。

设置开发板的启动顺序跳帽,左边的 JP2 选择 SD,右边的 MODE 选择 USB/SD。

将开发板连上计算机,并且选择连接到虚拟机。

串口调试(将串口设备连接到虚拟机,这是一条 Linux 下的指令,如果提示 microcom 指令未知,可以自行执行 sudo apt install microcom)。

```
sudo microcom -p /dev/ttyUSB1 -s 115200
```

如果提示 Exitcode 2 - cannot open device /dev/ttyUSB1,请尝试重新插拔一下 USB 线。这个串口在开发板未启动的时候也是可以侦听的,所以不会有影响。

串口开启成功后,打开开发板的电源开关,CPU 开始加载 bitstream 文件使开发板成为 SoC。

引导之后,屏幕上出现大量相同的信息向下滚动,如图 8.26 所示。

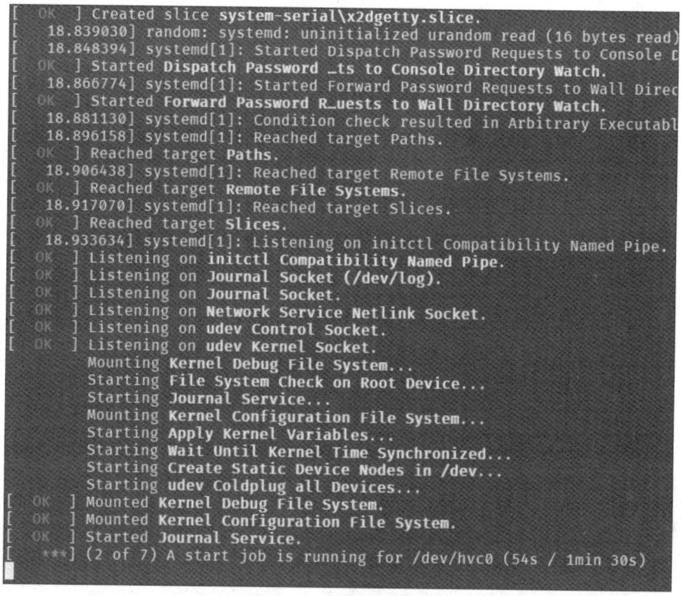

图 8.26 嵌入式系统正在引导启动

按下开发板右上角的 CPU RESET 按键进行初始化,系统会开始从 SD 卡中读取引导启动使用的 boot.bin 文件。

引导启动加载完成后,VGA 会显示 lowRISC 的 LOGO,可以在串口上查看到完整的启动信息输出。

系统启动完成后会进入 Linux 终端控制台界面,此时可以使用键盘进行交互;同时也可以在串口控制台进行登录及 Linux 操作验证。

当启动引导完成后可以使用指定的账号密码进行登录操作,之后可正常运行 Linux 指令,例如 uname -a、ls、top 等。这是一个完整的 Linux 嵌入式系统内核,如图 8.27 所示。

VGA 输出调试:可以外接到显示器上进行调试。可以连接 USB 键盘并接受命令,如同操作一个完整的 Linux 嵌入式系统。

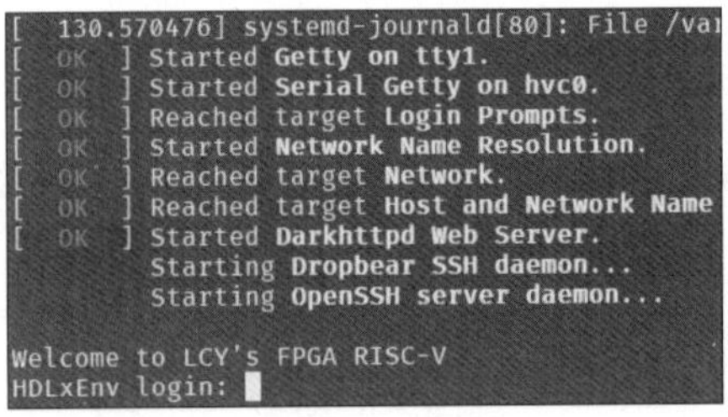

```
[  130.570476] systemd-journald[80]: File /va
[  OK  ] Started Getty on tty1.
[  OK  ] Started Serial Getty on hvc0.
[  OK  ] Reached target Login Prompts.
[  OK  ] Started Network Name Resolution.
[  OK  ] Reached target Network.
[  OK  ] Reached target Host and Network Name
[  OK  ] Started Darkhttpd Web Server.
         Starting Dropbear SSH daemon...
         Starting OpenSSH server daemon...

Welcome to LCY's FPGA RISC-V
HDLxEnv login:
```

图 8.27 引导启动完成的系统

8.4 实验结果分析

实验中完成的嵌入式操作系统能够完整完成系统的启动流程，并可以进行一般Linux 的操作，如一些常用指令、文件管理、内存管理等，如图 8.28 所示。

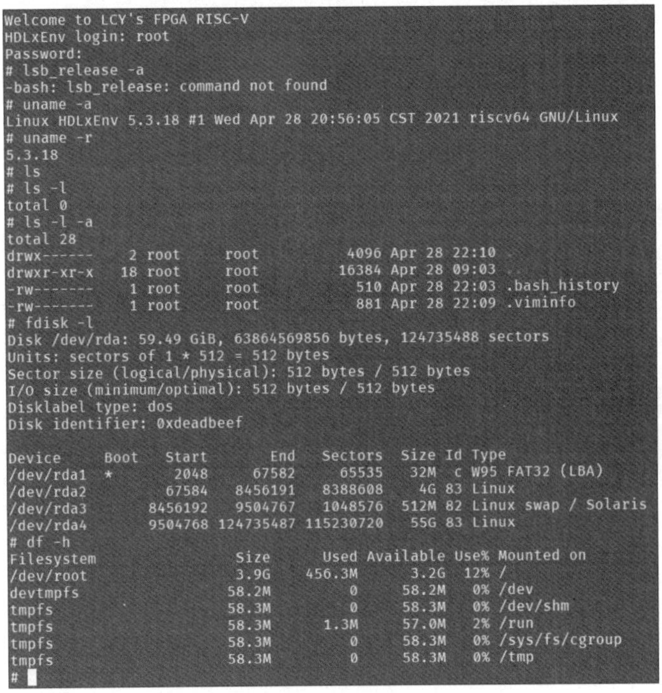

```
Welcome to LCY's FPGA RISC-V
HDLxEnv login: root
Password:
# lsb_release -a
-bash: lsb_release: command not found
# uname -a
Linux HDLxEnv 5.3.18 #1 Wed Apr 28 20:56:05 CST 2021 riscv64 GNU/Linux
# uname -r
5.3.18
# ls
# ls -l
total 0
# ls -l -a
total 28
drwx------    2 root     root          4096 Apr 28 22:10 .
drwxr-xr-x   18 root     root         16384 Apr 28 09:03 ..
-rw-------    1 root     root           510 Apr 28 22:03 .bash_history
-rw-------    1 root     root           881 Apr 28 22:09 .viminfo
# fdisk -l
Disk /dev/rda: 59.49 GiB, 63864569856 bytes, 124735488 sectors
Units: sectors of 1 * 512 = 512 bytes
Sector size (logical/physical): 512 bytes / 512 bytes
I/O size (minimum/optimal): 512 bytes / 512 bytes
Disklabel type: dos
Disk identifier: 0xdeadbeef

Device     Boot   Start       End   Sectors  Size Id Type
/dev/rda1  *       2048     67582     65535   32M  c W95 FAT32 (LBA)
/dev/rda2         67584   8456191   8388608    4G 83 Linux
/dev/rda3       8456192   9504767   1048576  512M 82 Linux swap / Solaris
/dev/rda4       9504768 124735487 115230720   55G 83 Linux
# df -h
Filesystem                Size      Used Available Use% Mounted on
/dev/root                 3.9G    456.3M      3.2G  12% /
devtmpfs                 58.2M         0     58.2M   0% /dev
tmpfs                    58.3M         0     58.3M   0% /dev/shm
tmpfs                    58.3M      1.3M     57.0M   2% /run
tmpfs                    58.3M         0     58.3M   0% /sys/fs/cgroup
tmpfs                    58.3M         0     58.3M   0% /tmp
#
```

图 8.28 常用指令演示

如图 8.29 所示，使用 top 指令查看活动进程，管理内存资源。

可进行文件管理、编辑操作、文件查看，如图 8.30～图 8.32 所示。

如图 8.33 所示，使用 poweroff 命令进行关机操作。

说明：云盘下载源码的虚拟机账号“nya”的密码是“nya”，打包系统的“root”的密码是“hilcy”。RISC-V 源代码在云盘 https://pan.baidu.com/s/1p5wWlgfUWgFZqUG5GATcYQ?Pwd=RISC 下载，提取码：RISC。由于文件太大，4 个切割的压缩文件下载后，要重新拼接还原成一个文件。

```
Mem: 63292K used, 56088K free, 1344K shrd, 4728K buff, 27580K cached
CPU:   0% usr   3% sys   0% nic  95% idle   0% io   0% irq   0% sirq
Load average: 2.39 1.66 0.71 1/44 158
  PID  PPID USER     STAT   VSZ %VSZ %CPU COMMAND
  158   130 root     R     2808   2%   2% top
   88     2 root     IW       0   0%   2% [kworker/0:2-eve]
    1     0 root     S     9948   8%   0% {systemd} /sbin/init
   60     2 root     SW       0   0%   0% [khvcd]
    3     2 root     IW       0   0%   0% [kworker/0:0-eve]
   80     1 root     S    42260  35%   0% /usr/lib/systemd/systemd-journald
   93     1 root     S    15668  13%   0% /usr/lib/systemd/systemd-udevd
  116     1 systemd- S    10544   9%   0% /usr/lib/systemd/systemd-resolved
  100     1 systemd- S     7808   7%   0% /usr/lib/systemd/systemd-networkd
  130     1 root     S     7292   6%   0% -bash
  120     1 systemd- S     7068   6%   0% /usr/lib/systemd/systemd-timesyncd
   84     1 root     S     7036   6%   0% /usr/lib/systemd/systemd-time-wait-syn
  129     1 root     S     4828   4%   0% /sbin/agetty -o -p -- \u --noclear tty
  128     1 dbus     S     4584   4%   0% /usr/bin/dbus-daemon --system --addres
  136     1 root     S     2276   2%   0% /usr/sbin/dropbear -F -R
  131     1 nobody   S     1840   2%   0% /usr/sbin/darkhttpd /var/www --chroot
   21     2 root     IW       0   0%   0% [kworker/0:1-cgr]
    7     2 root     SW       0   0%   0% [ksoftirqd/0]
   65     2 root     IW<      0   0%   0% [kworker/0:1H-kb]
   89     2 root     IW       0   0%   0% [kworker/u2:2-fl]
#
```

图 8.29　top 指令查看活动进程

```
# mkdir tongji
# ls -l
total 4
drwxr-xr-x    2 root     root          4096 Apr 28 22:00 tongji
# cd tongji/
# touch success
# vi success
```

图 8.30　管理文件

```
Hello world :D
~
~
~
~
~
~
-- INSERT --                                              1,15          All
```

图 8.31　使用 vi 编辑文件

```
# cat success
Hello world :D
# cd ../
# ls -l
total 4
drwxr-xr-x    2 root     root          4096 Apr 28 22:00 tongji
#
```

图 8.32　查看编辑后的文件

```
# poweroff
# [  OK  ] Stopped target Multi-User System.
[  OK  ] Stopped target Login Prompts.
[  OK  ] Stopped target Host and Network Name Lookups.
[  OK  ] Stopped target Remote File Systems.
[  OK  ] Stopped target System Time Set.
[  OK  ] Stopped target Timers.
[  OK  ] Stopped Daily Cleanup of Temporary Directories.
         Stopping Darkhttpd Web Server...
         Stopping D-Bus System Message Bus...
         Stopping Dropbear SSH daemon...
         Stopping Getty on tty1...
         Stopping Serial Getty on hvc0...
[  OK  ] Stopped Wait Until Kernel Time Synchronized.
[  OK  ] Stopped D-Bus System Message Bus.
[  OK  ] Stopped Getty on tty1.
[  OK  ] Stopped Serial Getty on hvc0.
[  OK  ] Stopped Darkhttpd Web Server.
```

图 8.33　执行关机指令

8.5 应用程序开发示例

编写五子棋游戏程序 chessplaygame.c，代码如下。

```c
#include <stdio.h>
#include <stdlib.h>
#include <stdbool.h>

#define BOARD_SIZE 10

char board[BOARD_SIZE][BOARD_SIZE];

void init_board() {
    for (int i = 0; i < BOARD_SIZE; i++) {
        for (int j = 0; j < BOARD_SIZE; j++) {
            board[i][j] = '.';
        }
    }
}

void draw_board() {
    printf("  ");
    for (int i = 0; i < BOARD_SIZE; i++) {
        printf("%d ", i + 1);
    }
    printf("\n");

    for (int i = 0; i < BOARD_SIZE; i++) {
        printf("%c ", 'A' + i);
        for (int j = 0; j < BOARD_SIZE; j++) {
            printf("%c ", board[i][j]);
        }
        printf("\n");
    }
}

bool is_valid_move(int x, int y) {
    return x >= 0 && x < BOARD_SIZE && y >= 0 && y < BOARD_SIZE && board[y][x] == '.';
}

bool check_win(int x, int y) {
    //Check horizontal
```

```c
int count = 1;
for (int i = x - 1; i >= 0; i--) {
    if (board[y][i] = = board[y][x]) {
        count++;
    } else {
        break;
    }
}
for (int i = x + 1; i < BOARD_SIZE; i++) {
    if (board[y][i] = = board[y][x]) {
        count++;
    } else {
        break;
    }
}
if (count >= 5) {
    return true;
}

//Check vertical
count = 1;
for (int i = y - 1; i >= 0; i--) {
    if (board[i][x] = = board[y][x]) {
        count++;
    } else {
        break;
    }
}
for (int i = y + 1; i < BOARD_SIZE; i++) {
    if (board[i][x] = = board[y][x]) {
        count++;
    } else {
        break;
    }
}
if (count >= 5) {
    return true;
}

//Check diagonal 1
count = 1;
for (int i = x - 1, j = y - 1; i >= 0 && j >= 0; i--, j--) {
    if (board[j][i] = = board[y][x]) {
        count++;
```

```c
            } else {
                break;
            }
        }
        for (int i = x + 1, j = y + 1; i < BOARD_SIZE && j < BOARD_SIZE; i++, j++) {
            if (board[j][i] == board[y][x]) {
                count++;
            } else {
                break;
            }
        }
        if (count >= 5) {
            return true;
        }

        //Check diagonal 2
        count = 1;
        for (int i = x + 1, j = y - 1; i < BOARD_SIZE && j >= 0; i++, j--) {
            if (board[j][i] == board[y][x]) {
                count++;
            } else {
                break;
            }
        }
        for (int i = x - 1, j = y + 1; i >= 0 && j < BOARD_SIZE; i--, j++) {
            if (board[j][i] == board[y][x]) {
                count++;
            } else {
                break;
            }
        }
        if (count >= 5) {
            return true;
        }

        return false;
}

int main() {
    init_board();
    int player = 1;

    while (1) {
        system("clear");
```

```c
        draw_board();

        int x, y;
        printf("Player %d's turn (e.g. A1): ", player);
        scanf("%c%d", &y, &x);
        getchar(); //Consume newline character

        x--;
        y -= 'A';

        if (!is_valid_move(x, y)) {
            printf("Invalid move, please try again.\n");
            continue;
        }

        board[y][x] = player == 1 ? 'X' : 'O';

        if (check_win(x, y)) {
            printf("Player %d wins!\n", player);
            break;
        }

        player = 3 - player; //Switch player between 1 and 2
    }

    return 0;
}
```

把 C 语言程序 chessplaygame.c 编译成目标执行代码 chessplaygame.o，并放在 TF 卡 Linux 系统中的某个目录里。在 FPGA N4 开发板上电，Linux 操作系统启动后，在命令行中输入./chessplaygame，应用程序运行如图 8.34 所示。

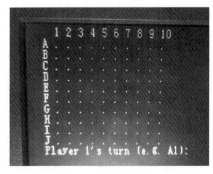

图 8.34 五子棋游戏运行界面

附　　录

文件夹名称	说　　明
toolchain	编译工具文件夹
Xilinx 外设 IP 核文档	Xilinx 的 GPIO、UART 核等的使用说明
小工具	将 bin 文件内容转换为十六进制数据
移植过程测试程序	不同模块测试程序
完整的工程文件	CPU 移植的完整 FPGA 工程

参 考 文 献

[1] 秦国锋,王力生,陆有军,等. 计算机系统结构实验指导[M]. 北京:清华大学出版社,2019.
[2] 张冬冬,王力生,郭玉臣. 数字逻辑与组成原理实践教程[M]. 北京:清华大学出版社,2018.
[3] 陈逸鹤. 程序员的自我修养[M]. 北京:清华大学出版社,2017.
[4] 雷思磊. 自己动手写CPU[M]. 北京:电子工业出版社,2014.
[5] 戴维A. 帕特森(David A. Patterson),约翰L. 亨尼斯(John L. Hennessy). 计算机组成与设计-硬件/软件接口[M]. 机械工业出版社,2018.
[6] 秦国锋,胡岳,黄林钰. 计算机系统结构课程实验静态流水线CPU的设计、实现与性能分析[J]. 北京:教育现代化,2016,21:183-187.
[7] QIN G F,HU Y,HUANG L Y,et al. Design and Performance Analysis on Static and Dynamic Pipelined CPU in Course Experiment of Computer Architecture[C]//Proceeding of the 13th International Conference on Computer Science & Education,Colombo,Sri Lanka,August 8-11,2018:111-116.
[8] WANG L S,JIANG L C,QIN G F. A Search of Verilog Code Plagiarism Detection Method[C]// Proceeding of the 13th International Conference on Computer Science & Education,Colombo,Sri Lanka,August 8-11,2018:752-755.
[9] 秦国锋,胡岳,黄林钰. 计算机系统结构课程实验动态流水线CPU的设计、实现与性能分析[J]. 上海:同济教育研究,2019,1:43-52.
[10] 张晨曦,王志英. 计算机系统结构[M]. 2版. 北京:高等教育出版社,2014.
[11] 李亚民. 计算机原理与设计——Verilog HDL版[M]. 北京:清华大学出版社,2011.
[12] HENNESSY J L,PATTERSON D A. Computer architecture:a quantitative approach[M]. 5th ed. California:Morgan Kaufmann,2011.
[13] 李学干. 计算机系统结构[M]. 5版. 西安:西安电子科技大学出版社,2011.
[14] 秦国锋,丁志军,王力生,等. 立足能力建设,持续推进实验贯通[J]. 实验技术与管理,2020,37(5):163-167.
[15] 谭志虎,秦磊华,胡迪青. 计算机组成原理实践教程——从逻辑门到CPU[M]. 2版. 北京:清华大学出版社,2019.
[16] 高小鹏. 计算机组成与实现[M]. 北京:高等教育出版社,2019.
[17] 秦国锋,秦家豪,邹剑煌,等. 基于Artix-7 FPGA的三级存储体系设计与实现实验[J]. 实验室研究与探索,2020,39(10):45-49.
[18] 秦国锋,张冬冬,尹学锋,等. "强芯筑统"思想贯穿计算机专业人才培养实践[J]. 实验技术与管理,2021,38(6):163-167.